物联网
创新项目开发与实践
（应用篇）

程志强 李文亮 陈 旭 主编

清华大学出版社
北京

内 容 简 介

本书系统介绍了物联网创新项目开发与实践的内容。主控单元选用目前流行的 Cortex M3 微处理器，每个课题涵盖不同专业的知识点，综合覆盖了嵌入式系统、物联网技术、计算机软件开发、手机 App 开发、Java 软件开发、云平台数据传输、应用电子技术等专业知识。

本书所列物联网应用案例瞄准新工科发展，涉及语音识别、视频处理与图像处理等技术，并将每个案例分解成多个任务，教师可根据专业课程特点，有选择性地对课题内容重点讲授和指导学生实践演练。

本书可作为本科院校以及高等职业院校的自动化、电子信息工程、测控技术与仪器、计算机科学与技术、通信工程、物联网技术等专业的综合课程设计、专业课实训、毕业设计、创新课程设计、学科竞赛培训等实践教学环节，也可以作为从事项目开发与应用的工程技术人员的参考用书。

本书封面贴有清华大学出版社防伪标签，无标签者不得销售。
版权所有，侵权必究。举报：010-62782989，beiqinquan@tup.tsinghua.edu.cn。

图书在版编目(CIP)数据

物联网创新项目开发与实践. 应用篇/程志强，李文亮，陈旭主编. —北京：清华大学出版社，2020.9
(2025.1 重印)
ISBN 978-7-302-56416-4

Ⅰ. ①物… Ⅱ. ①程… ②李… ③陈… Ⅲ. ①物联网—高等学校—教材 Ⅳ. ①TP393.4 ②TP18

中国版本图书馆 CIP 数据核字(2020)第 170372 号

责任编辑：梁媛媛
封面设计：常雪影
责任校对：吴春华
责任印制：沈　露

出版发行：清华大学出版社
　　　　网　　址：https://www.tup.com.cn，https://www.wqxuetang.com
　　　　地　　址：北京清华大学学研大厦 A 座　　邮　　编：100084
　　　　社 总 机：010-83470000　　　　　　　　邮　　购：010-62786544
　　　　投稿与读者服务：010-62776969，c-service@tup.tsinghua.edu.cn
　　　　质量反馈：010-62772015，zhiliang@tup.tsinghua.edu.cn
　　　　课件下载：https://www.tup.com.cn, 010-62791865

印 装 者：三河市人民印务有限公司
经　　销：全国新华书店
开　　本：185mm×260mm　　印　张：16.75　　字　数：407 千字
版　　次：2020 年 9 月第 1 版　　　　　　　　印　次：2025 年 1 月第 6 次印刷
定　　价：49.00 元

产品编号：088662-01

前　言

物联网是新一代信息技术的重要组成部分，处于信息化时代的重要发展阶段。物联网最初在 1999 年提出，是通过射频识别(RFID)、红外感应器、全球定位系统、激光扫描器、气体感应器等信息传感设备，按约定的协议，把各种物品与互联网连接起来，进行信息交换和通信，以实现智能化识别、定位、跟踪、监控和管理的一种网络。顾名思义，物联网就是物物相连的互联网。这有两层意思：其一，物联网的核心和基础仍然是互联网，是在互联网基础上的延伸和扩展的网络；其二，其用户端延伸和扩展到了各种物品与物品之间，进行信息交换和通信，也就是物物相息。物联网通过智能感知、识别技术与普适计算等通信感知技术，广泛应用于网络的融合中，因此被称为继计算机、互联网之后的世界信息产业发展的第三次浪潮。

2009 年 8 月，温家宝总理"感知中国"的讲话把我国物联网领域的研究和应用开发推向了高潮，无锡市率先建立了"感知中国"研究中心，中国科学院、运营商、多所大学在无锡建立了物联网研究院，无锡市江南大学还建立了全国首家实体物联网工厂学院。自提出"感知中国"以来，物联网被正式列为国家五大新兴战略产业之一，写入"政府工作报告"，受到了全社会的极大关注。

2014 年中国物联网产业规模达到了 6000 亿元人民币，同比增长 22.6%；2015 年产业规模达到 7500 亿元人民币，同比增长 29.3%；2017 年中国物联网产业规模突破万亿元，达到了 11 500 亿元人民币。预计到 2020 年年底，中国物联网的整体规模将超过 1.8 万亿元人民币。

国家自 2009 年提出物联网发展战略以来，物联网技术在工业监控、城市管理、智能家居、智能交通等多个领域逐渐发展壮大起来，物联网(IoT)无疑成为创新驱动数字化转型的重要产业群，成为继通信网之后的下一个万亿元级市场，物联网时代已经到来。

为了提高物联网及其相关专业师生的专业技术水平、教学实践能力、创新业务水平，推动高等院校物联网专业课程建设，促进物联网人才的培养，夯实物联网专业实用型人才的储备，我们编写了本书。书中所选课题可用于学校教学、综合实验、创新科研、课题设计、创客教育、竞赛培训、综合技能培训等领域，配合 NEWLab 基础教学设备，对课堂内外形成有益的补充。通过丰富生动的案例讲解，将理论与实际相结合，注重强化学员的实际操作能力，力求将物联网的最新实训内容带入课堂，使参训教师在最短的时间内掌握物联网专业教学基本知识，提高实践指导能力，未来可以学有所需、学有所用，培养出适合产业发展需求的应用型人才。

本书课题涵盖应用电子、物联网、嵌入式、应用软件、人工智能等专业，涉及的专业知识点主要包括以下 5 点。

1. 应用电子技术

(1) 数字、模拟电路应用。

(2) 信号采集技术。

(3) 图像、音频处理。

(4) 数据总线技术。

2. 嵌入式技术识别技术

(1) C 语言开发。
(2) 指纹采集及应用技术。
(3) 有线网络模块 LWIP 通信技术及应用。
(4) 摄像头图像采集及应用技术。
(5) 外设驱动原理及应用。

3. 识别技术

(1) 射频识别技术。
(2) 指纹识别技术。
(3) 语音识别技术。

4. 通信技术

(1) TCP/IP 以太网通信开发。
(2) 无线通信技术：Wi-Fi。
(3) 数据总线技术。

5. 软件开发

(1) Android 开发。
- Android 下的消息机制：Handler。
- Android 下的 JSON 数据解析。
- Android 下的网络通信技术：Socket 以及 HTTP 使用。

(2) C#开发。
- 基于 C/S 架构的应用开发。
- HTTP、MQTT 等协议。

本书采用专业式任务设计、跨学科综合应用开发两种学习模式，结合学生不同学习程度设计课题资源，由易到难层层递进，将重要知识拆分成开发任务及资料包，同时配备开发人员设计思路、任务评判标准及课件 PPT 等资源，可直接运用课题资源进行实践教学，学生可从中运用所学知识实现课题任务开发。

课题实现目标如下。

(1) 熟悉物联网产品的设计思路与方法。
(2) 掌握物联网感知层与应用层的设计、开发流程与技能。
(3) 掌握物联网产品的嵌入式开发和应用软件(安卓、PC 端)开发技能。
(4) 学生从分立知识点开发逐步过渡到高级开发，最终汇总完成一个完整的物联网项目。

教学基本要求如下。

通过课题综合实战演练，使学生学会物联网产品开发的基本方法和流程，对物联网智能产品的功能形成清晰的认识，充分掌握诸如键盘驱动、LCD 模块驱动、语音识别应用开发、图像处理技术开发、Wi-Fi 模块应用、传感器应用技术、TCP/IP 通信开发技术、手机 App 开发以及 PC 应用开发的技术等，形成运用交叉技术从事物联网产品开发的基本能力。

课题实施过程如下。

将课题分解成几个子任务，教师讲解重点和难点的同时，学生动手实战演练，并让项目上手快的学生分享经验，提高学生学习兴趣和动手实战演练积极性。在实战演练过程中，教师应及时发现存在的共性问题，进行有针对性的讲解，提高学生理论联系实际的能力。

课题具备特点如下。

(1) 课题项目来源于生产实际应用，顺应当前市场通用技术及主流产品。

(2) 课题采用项目化教学方式，打破了原来传统的教学模式。既能满足日常课程教学，又能满足课程设计、毕业设计等实践教学环节。

(3) 课题可作为高校竞赛开发、训练平台，也可作为教师教学、科研活动的平台。

(4) 课题涵盖不同的技能和知识点，综合覆盖了嵌入式、物联网、计算机软件开发、应用电子技术等专业，知识覆盖面广。

(5) 课题基于开放式软、硬件平台，可根据技术发展和应用场景不断创新、丰富，支撑"双创"教育。

(6) 项目适合多人协同，分工协作，能培养学生团队合作的能力。

本书适用于自动化、电子信息技术、测控技术与仪器、计算机科学与技术、通信工程、物联网技术等专业的课程设计、专业课综合实训、毕业设计、创新课程设计、竞赛培训等实践教学环节。所选课题通过结合 NEWLab 基础教学设备，形成课堂内外教学的有益补充。全书所列物联网综合实训课题均有推荐学时，教师可根据专业实际情况，有选择性地对各课题内容进行重点讲授和指导学生实践演练。

本书由潍坊学院信息与控制工程学院程志强、北京新大陆时代教育科技有限公司李文亮、陈旭主编。此外，潍坊学院信息与控制工程学院李健教授、侯崇升教授、戴曰章老师等对教材内容进行了审核，并提出了宝贵的意见和建议；北京新大陆时代教育科技有限公司研发工程师马立伟、余桂林、刘彩丽、赵纪元、何岩新、杨克强等提供了技术支持，在此一并表示衷心感谢！

由于编者的水平所限，书中错误和疏漏之处敬请读者批评指正。

(本书为广大教师提供了课题资源包，
扫一扫，看课题资源包索引)

编 者

目 录

第 1 章 智能门禁考勤系统 1

- 1.1 课题描述 2
- 1.2 课题分析 2
  - 1.2.1 智能门禁考勤系统硬件设计方案 2
  - 1.2.2 智能门禁考勤系统软件设计方案 6
  - 1.2.3 智能门禁考勤系统任务拆分及计划学时安排 24
- 1.3 课题任务设计 25
  - 1.3.1 任务一 键盘识别与处理 25
  - 1.3.2 任务二 指纹采集 30
  - 1.3.3 任务三 摄像头拍照与 LCD 显示 40
  - 1.3.4 任务四 网络通信驱动程序设计 47
  - 1.3.5 任务五 门锁开/关控制 50
  - 1.3.6 任务六 Android 端应用设计 51
  - 1.3.7 任务七 Java 端应用开发 54
- 1.4 课题参考评价标准 60
- 1.5 课题拓展 60
- 1.6 课题资源包 61

第 2 章 远程语音记录仪 63

- 2.1 课题描述 64
- 2.2 课题分析 64
  - 2.2.1 远程语音记录仪硬件设计方案 64
  - 2.2.2 远程语音记录仪软件设计方案 68
  - 2.2.3 远程语音记录仪任务拆分及计划学时安排 81
- 2.3 课题仪任务设计 82
  - 2.3.1 任务一 键盘识别 82
  - 2.3.2 任务二 音频-SD 卡语音采集与播放 83
  - 2.3.3 任务三 LCD 参数显示 90
  - 2.3.4 任务四 Wi-Fi 通信接口与驱动程序设计 91
  - 2.3.5 任务五 Android 端应用开发 96
  - 2.3.6 任务六 Java 端应用开发 99
- 2.4 课题参考评价标准 103
- 2.5 课题拓展 104
- 2.6 课题资源包 104

第 3 章 远程视频云台监控系统 105

- 3.1 课题描述 106
- 3.2 课题分析 106
  - 3.2.1 远程视频云台监控系统硬件设计方案 106
  - 3.2.2 远程视频云台监控系统软件设计方案 109
  - 3.2.3 远程视频云台监控系统任务拆分及计划学时安排 120

3.3 课题任务设计 121
 3.3.1 任务一 按键识别 121
 3.3.2 任务二 摄像头拍照 124
 3.3.3 任务三 LCD 参数显示 129
 3.3.4 任务四 云台舵机控制 131
 3.3.5 任务五 网络通信驱动程序
     设计 133
3.3.6 任务六 Android 端应用
    开发 136
3.3.7 任务七 Java 端应用开发 ... 138
3.4 课题参考评价标准 141
3.5 课题拓展 141
3.6 课题资源包 141

第 4 章 语音识别控制系统 — 143

4.1 课题描述 144
4.2 课题分析 144
 4.2.1 语音识别控制系统硬件设计
    方案 144
 4.2.2 语音识别控制系统软件设计
    方案 148
 4.2.3 语音识别控制系统任务拆分及
    计划学时安排 165
4.3 课题任务设计 166
 4.3.1 任务一 按键识别 166
4.3.2 任务二 语音识别与播报 ... 168
4.3.3 任务三 执行设备控制 171
4.3.4 任务四 Wi-Fi 通信接口与
    驱动程序设计 173
4.3.5 任务五 Android 端应用
    开发 173
4.3.6 任务六 Java 端应用开发 ... 176
4.4 课题参考评价标准 180
4.5 课题拓展 180
4.6 课题资源包 181

第 5 章 车牌识别系统 — 183

5.1 课题描述 184
5.2 课题分析 184
 5.2.1 车牌识别系统总体设计
    方案 184
 5.2.2 车牌识别系统软件设计
    方案 187
 5.2.3 车牌识别系统任务拆分及
    计划学时安排 199
5.3 课题任务设计 200
 5.3.1 任务一 车牌图像采集、
    存储与显示 200
5.3.2 任务二 USB 通信驱动程序
    设计 207
5.3.3 任务三 车牌号语音播报 ... 216
5.3.4 任务四 Java 端应用开发 ... 219
5.3.5 任务五 Android 端应用
    开发 230
5.4 课题参考评价标准 232
5.5 课题拓展 232
5.6 课题资源包 233

附录 1 用 MDK 建立 STM32 工程模板 — 234

附录 2 NEWLab 嵌入式程序下载步骤 — 258

参考文献 — 260

第 1 章 智能门禁考勤系统

【课题概要】智能门禁考勤系统是新型现代化安全管理系统,它集自动识别技术和现代安全管理措施为一体,并涉及电子、机械、光学、计算机、通信、生物等诸多新技术,是重要部门出入口实现安全防范管理的有效措施,适用于各种部门,如银行、宾馆、机房、军械库、机要室、办公间、智能化小区、工厂等。在网络技术飞速发展的今天,门禁技术得到了迅猛的发展。门禁系统早已超越了单纯的门道及钥匙管理,已经逐渐发展成为一套完整的人员出入管理系统,并在工作环境安全、人事考勤管理等行政管理工作中发挥着巨大的作用。

门禁系统又称出入管理控制系统(Access Control System),是一种管理人员进出的智能化管理系统。其功能可概括为管理什么人、什么时间可以出入哪些门道,并提供事后的查询报表等。目前常见的门禁系统有密码门禁系统、非接触卡门禁系统、指纹虹膜掌型生物识别门禁系统等。门禁系统近几年发展迅速,已被广泛应用于企事业单位门禁管理控制系统中。

智能门禁考勤系统实战课题定位于本科院校以及高等职业院校的教学、综合实验、创新科研、课程设计、创客教育、竞赛培训、综合技能培训等领域,配合 NEWLab 基础教学设备,形成课堂内外有益的补充。本课题主要涉及密码识别与指纹识别、视频图像采集、嵌入式系统开发、PC 端上位机程序设计、手机端上位机程序设计等专业知识点。

智能门禁系统适用于电子科学与技术、物联网、计算机科学与技术、通信工程、自动化、电子信息工程、测控技术与仪器、软件工程等相关专业。

【课题难度】★★★★★

1.1 课题描述

智能门禁考勤系统，顾名思义就是对出入口通道进行管制的系统，它是在传统的门锁基础上发展而来。传统的机械门锁仅仅是单纯的机械装置，无论结构设计多么合理，材料多么坚固，人们总能通过各种手段将其打开。在出入人员较多的通道(比如办公大楼、酒店客房)，钥匙的管理非常麻烦，一旦钥匙丢失或人员更换，都需把锁和钥匙同时更换。为了解决这些实际存在的问题，人们又推出了电子磁卡锁、电子密码锁。这两种类型锁的出现，从一定程度上提高了人们对出入口通道的管理程度，使通道管理进入了电子时代。但随着这两种电子锁的不断应用，它们本身的缺陷逐渐暴露，磁卡锁存在的问题是信息容易被复制，卡片与读卡机具之间磨损大，故障率高，安全系数低。密码锁存在的问题是密码容易泄露，又无从查起，安全系数极低。同时这个时期的产品由于大多采用读卡部分(密码输入)与控制部分集成在一起并安装在门外，容易被人在室外将锁打开。这个时期的门禁系统仍然停留在早期不成熟的阶段，因此当时的门禁系统通常被人称为电子锁，应用并不广泛。

随着感应卡技术、生物识别技术的快速推进，门禁系统得到了飞跃式的发展，进入了成熟期。随着感应卡式门禁系统、指纹门禁系统、虹膜门禁系统、人脸识别门禁系统、指静脉识别门禁系统、乱序键盘门禁系统等各种技术的出现，门禁系统在安全性、方便性、易管理性等方面都得到了有效的提高，因此门禁系统的应用领域也越来越广泛。

智能门禁考勤系统是物联网在智能家居中的一个典型应用案例，该课题主要考察学生的系统集成设计能力、知识灵活运用能力和团队协作能力。课题可以延伸至远程控制功能(报警、远程操作等)，使其成为一个典型的物联网应用课题。

智能门禁系统的输入方式可分为密码输入、指纹输入两种。门禁带有高清晰摄像头，当外部输入正常信息开启电子锁时，系统启动摄像头拍摄，并将所拍图片在LCD屏上显示。如果门禁被异常侵入(比如密码连续输入错误三次、指纹连续输入三次错误等)，此时将启动摄像头拍照，并把所拍摄图片显示在LCD屏上，同时启动报警，指示灯开始闪烁，并将报警信息上报至物联网云平台。

应用软件层(手机端和PC端)获取到云平台上的报警信息后，请求底层拍照，并获取现场拍摄的图片，从而实现远程监控。

1.2 课题分析

1.2.1 智能门禁考勤系统硬件设计方案

1. 智能门禁考勤系统硬件总体设计方案

智能门禁考勤系统采用STM32作为主控芯片，系统主要包括摄像头拍照模块、指纹识别模块、键盘模块、LCD显示模块、以太网通信模块、继电器控制模块、电控锁模块、手机客户端、PC客户端等。智能门禁考勤系统硬件总体框图如图1.1所示。

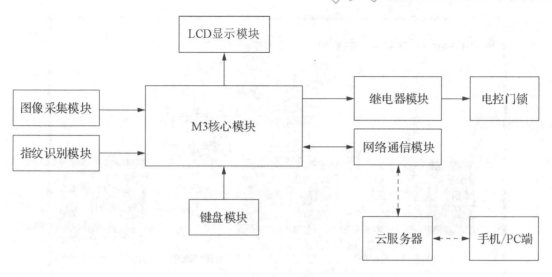

图 1.1 智能门禁考勤系统硬件总体框图

2. 智能门禁考勤系统硬件结构拓扑图

智能门禁考勤系统硬件结构拓扑图如图 1.2 所示。

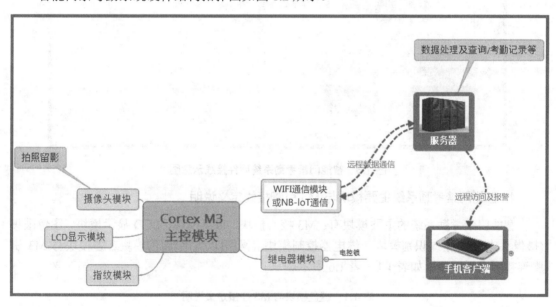

图 1.2 智能门禁考勤系统硬件结构拓扑图

3. 智能门禁考勤系统硬件接线示意图

智能门禁考勤系统硬件接线示意图如图 1.3 所示。

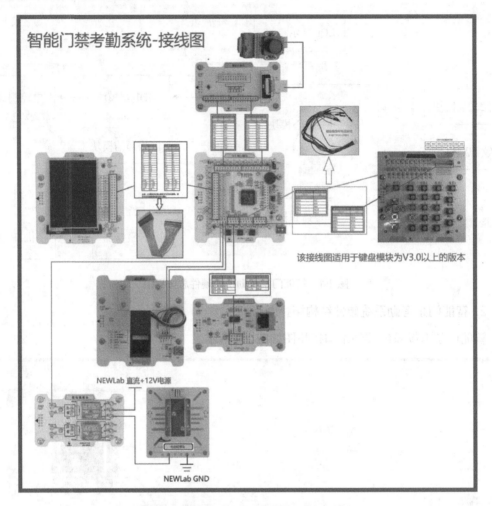

图 1.3 智能门禁考勤系统硬件接线示意图

4. 智能门禁考勤系统主要模块与 M3 引脚接线定义说明

智能门禁考勤系统的主要模块有:M3 核心模块、键盘模块、LCD 显示模块、图像采集(摄像头)模块、指纹识别模块、继电器控制模块、网络(以太网)通信模块。各模块与 M3 引脚连接定义说明分别如表 1.1~表 1.6 所示。

表 1.1 键盘模块与 M3 连接定义说明

键盘模块(V3.0)	M3 核心板
COL0	PC7
COL1	PC8
COL2	PC9
COL3	PA13
COL4	PA14
ROW4	PA15
ROW3	PC10

续表

键盘模块(V3.0)	M3 核心板
ROW2	PC11
ROW1	PC12
ROW0	PD2

表 1.2　LCD 模块与 M3 连接定义说明

LCD 模块	M3 核心板
LCD_nRST	PD12
LCD_nCS	PD7
LCD_RS	PD11
LCD_nWR	PD5
LCD_nRD	PD4
DB0	PD14
DB1	PD15
DB2	PD0
DB3	PD1
DB4	PE7
DB5	PE8
DB6	PE9
DB7	PE10
DB8	PE11
DB9	PE12
DB10	PE13
DB11	PE14
DB12	PE15
DB13	PD8
DB14	PD9
DB15	PD10
TP_CS	PE0
TP_CLK	PE1
TP_SI	PE2
TP_SO	PE3
TP_IRQ	PB8
BL_CNT	PB9

表 1.3　图像采集(摄像头)模块与 M3 连接定义说明

图像采集(摄像头)模块	M3 核心板
WEN	PC5
RCLK	PC4
D7	PA7

续表

图像采集(摄像头)模块	M3 核心板
D6	PA6
D5	PA5
D4	PA4
D3	PA3
D2	PA2
D1	PA1
D0	PA0
VSYNC	PC3
RRST	PC2
WRST	PC1
OE	PC0
SDA	PE6
SCL	PE5

表 1.4　指纹识别模块与 M3 连接定义说明

指纹识别模块	M3 核心板
RX	PB10
TX	PB11

表 1.5　继电器模块与 M3 连接定义说明

继电器模块	M3 核心板
J2(RELAY1-IN)	PB1

表 1.6　网络模块与 M3 连接定义说明

网络模块	M3 核心板
NET_MOSI	PB15
NET_MISO	PB14
NET_SCK	PB13
NET_CS	PB12
NET_RST	PC6

1.2.2　智能门禁考勤系统软件设计方案

1. 智能门禁考勤系统实现的功能

(1) 嵌入式端实现功能。

智能门禁考勤系统有以下五种工作模式。

① 正常工作模式。

在默认工作状态，或按下"项目 1"按键时，进入正常工作模式。此时可通过指纹验证开门。将手指放在指纹模块端并采集指纹，指纹验证若通过，则开门。验证指纹的同时启动摄像头拍摄照片，并在 LCD 屏幕上端批注员工工号；若为未注册指纹的员工，系统将提示错误。按下键盘数字区域任意键进入"密码开锁"模式，输入密码正确则开门，输入密码错误则禁止开门，同时返回正常工作模式。

未经注册的员工指纹视为非法指纹，若 30 秒内连续三次验证指纹均未通过，则视为非法入侵。30 秒内输入三次密码错误，同样视为非法入侵。当系统遇到非法入侵情况时，将启动摄像头拍照，并向云平台发送报警信息。

② 指纹管理模式。

注册完员工信息后，可对应员工编号指纹进行注册。按下"项目 2"按键，进入指纹管理模式。输入密码通过验证后，进入管理指纹功能，可在此状态下添加指纹、删除指纹、清空指纹库，并可通过"上""下""左""右"按键切换对应的操作项目。当光标移动至目标项目时，按下"确定"键，即可进入目标项目的操作。

- 添加指纹：通过"上""下""左""右"按键切换至存储指纹 (1.Store Fingerprint) 选项，按下"确定"键，此时输入待添加指纹的员工工号，员工工号取值范围为 1～10。输入工号后，按下"确定"键，将手指放在指纹模块上，若指纹存储成功，系统则提示成功，否则系统提示失败。录入指纹应在 10 秒内完成，若超时，系统将退出"添加指纹"模式。

- 删除指纹：通过"上""下""左""右"按键切换到删除指纹 (2.Delete Fingerprint) 选项，按下"确定"键，此时输入待删除指纹的员工工号，员工工号取值范围为 1～10。输入员工工号后，按下"确定"键，若指纹删除成功，则系统提示成功，否则系统提示失败。

- 清空指纹库：通过"上""下""左""右"按键切换到清除指纹库(3.Empty Fingerprint) 选项，按下"确定"键后，进入清空指纹库操作。若再次按下"确定"键，则清空指纹库。若指纹库清空成功，则系统提示成功，否则系统提示失败。

③ 登记员工信息模式。

按下"项目 3"按键后，进入登记员工信息模式。系统首先提示注册员工信息，随后进入拍照模式。在应用软件端注册员工信息时，系统将收到拍照指令，并执行拍照功能，待图片传输完毕，则等待新的拍照指令。

④ 密码开锁模式。

按下"项目 4"按键后，系统进入密码开锁模式。在正常工作模式时，按下键盘数字区域任意键，进入密码开锁模式。如果输入密码正确，则开门；如果输入密码错误，则禁止开门，同时系统返回正常工作模式。

⑤ 密码管理模式。

按下"项目 5"按键后，进入密码管理模式。输入密码通过验证后，系统进入密码管理模式。在此状态下，可修改密码 0、密码 1、密码 2 的密码，这三组密码默认值均为"000000"。可通过"上""下""左""右"按键切换到目标操作项目，当光标移动至目标项目时，按下"确定"键，系统进入目标项目操作。

修改密码时，在输入新的密码后，按下"确定"键。若修改密码成功，则系统提示成功，否则系统提示失败。

备注：一旦触发系统报警，输入正确的密码或指纹即可消除报警。

(2) 手机端实现功能。

在 Android 端用户可进行以下远程操作。

① Android 端进入主界面时,能够远程(通过新大陆物联网云平台)获取最新的打卡情况。最新打开记录分为正常与异常两种情形。

- 最新打开记录正常情形:基于云平台上的打卡记录,在界面中显示打卡人员信息(包括人员头像、人员姓名、工号以及打卡时间等)。
- 最新打开记录异常情形:通过连接内网服务器,请求异常图片数据,显示异常打卡信息(包括异常图片)。

② Android 端提供查询考勤历史数据的入口。对于每条记录都能够显示打卡信息。

③ Android 端提供新增人员入口,可通过请求底层端对员工进行信息注册。

(3) PC 端实现功能。

PC 端实现功能参照手机端实现功能。

2. 智能门禁考勤系统程序流程图

(1) 智能门禁考勤系统的整体架构。

智能门禁考勤系统整体架构可分为三层,详细说明如下。

- 应用层:作为软件应用层,可开发 Android 端应用及 PC 端应用,提供系统状态信息的展示以及用户操作界面。
- 以太网层:为应用层提供 SDK 及 API 接口,支持 Android、Java、C#等语言平台。
- 硬件层:可添加各种设备,如传感器、执行器等物联网设备硬件。

(2) 应用软件层架构。

- 应用零层架构:应用软件零层架构如图 1.4 所示。

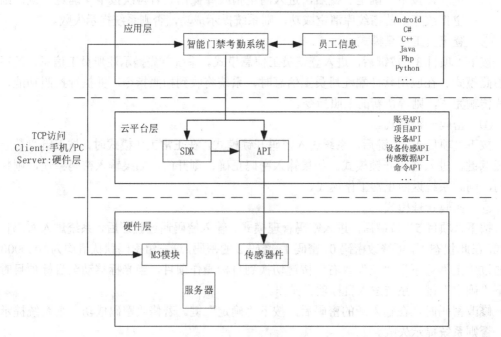

图 1.4 应用软件零层架构

- 应用软件一层架构：提供基本信息配置，并获取远程传感器状态信息以及控制远程执行设备。应用软件一层架构如图 1.5 所示。

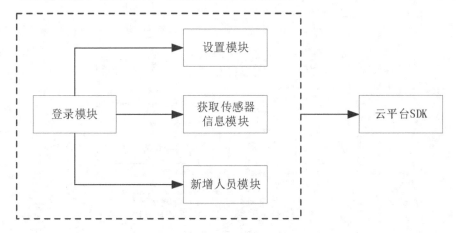

图 1.5　应用软件一层架构

(3) 智能门禁考勤系统程序逻辑流程图。
- 嵌入式系统程序逻辑流程图：嵌入式系统程序逻辑流程图如图 1.6 所示。
- Android 应用端程序业务流程图：Android 应用端程序业务流程图如图 1.7、图 1.8 所示。
- PC 应用端程序业务流程图：PC 应用端程序业务流程图参考 Android 应用端程序业务流程图。

3. 智能门禁考勤系统手机 App 界面设计

智能门禁考勤系统 App 安装成功后，用户可直接点击应用图标运行该应用。

(1) 欢迎界面。

用户点击应用图标后，进入欢迎界面，如图 1.9 所示。

在欢迎界面，点击"开启应用"按钮，进入登录界面，如图 1.10 所示。

备注：账户信息为用户在云平台上已注册的账户信息。

(2) 设置界面。

在登录界面，点击右上角的 menu 按钮，进入设置界面。登录界面中 menu 弹出菜单如图 1.11 所示；设置界面如图 1.12 所示。

在设置界面中，应用提供以下配置信息。
- IP 地址：api.nlecloud.com。
- 端口号：80。
- 设备 ID：是每个用户在云平台上注册后，自身构建项目的设备信息。
- 门禁状态标识：门禁传感器标识。
- 员工门禁和考勤记录标识：打卡记录传感器标识。
- 内网 IP 地址：提供图片通信的服务器地址(默认地址：192.168.0.61)，底层端若有变动，需要进行相应修改。
- 内网端口号：提供图片通信的服务器地址端口号(默认端口：8800)。

备注：设备 ID 和传感器标识，每个项目在具体开发过程中，必须与自己在云平台上构建的项目信息相一致。

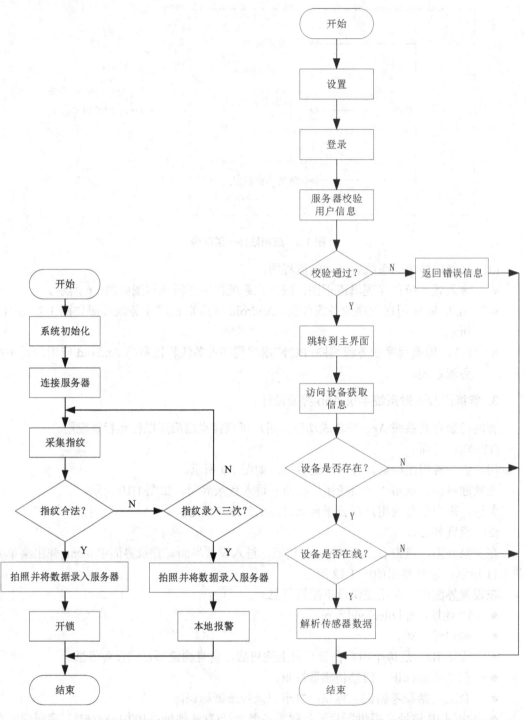

图 1.6　嵌入式系统程序逻辑流程图　　　图 1.7　Android 应用端程序业务流程图(一)

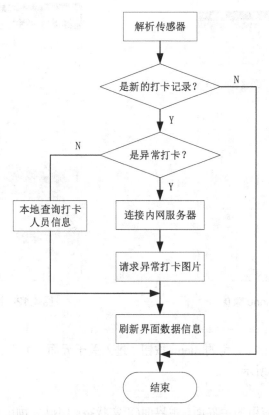

图 1.8 Android 应用端程序业务流程图(二)

图 1.9 欢迎界面

图 1.10 登录界面

图 1.11　menu 菜单　　　　　　　　　　　图 1.12　设置界面

(3) 关于界面。

在登录界面中，点击右上角的 menu 按钮，进入关于界面。关于界面主要介绍版本信息及公司简介，如图 1.13 所示。

(4) 主界面。

登录成功后，进入应用的主界面。主界面(正常状态：门已关)如图 1.14 所示；主界面(正常状态：门已开)如图 1.15 所示。

图 1.13　关于界面　　　图 1.14　主界面(正常状态：门已关)　　图 1.15　主界面(正常状态：门已开)

主界面分为三部分(从上到下)。

● 显示当前门禁状态(关：如图 1.14 所示；开：如图 1.15 所示)。

● 显示当前最新的打卡记录信息(包括正常打卡状态与异常打卡状态)。

- 提供查询考勤记录数据的入口。

主界面"异常状态-获取异常图片"与"异常状态-显示异常打卡信息"分别如图 1.16 与图 1.17 所示。

图 1.16 主界面(异常状态-获取异常图片)　　　图 1.17 主界面(异常状态-显示异常打卡信息)

(5) 考勤历史数据界面。

在主界面,用户点击"查询考勤记录数据"按钮,进入考勤历史记录界面。该界面展示历史打卡记录数据。考勤历史记录界面如图 1.18 所示。

备注：默认情况下,查询的历史数据时间段为当天的所有数据信息。用户可通过时间控件,点击选择年月日进行数据筛选(从选定时间到当前时间点,超出当前时间数据不刷新,同时提示用户"所选时间超出当前时间")。

考勤历史记录详情界面如图 1.19 所示。

图 1.18 考勤历史记录界面　　　　　　　图 1.19 考勤历史记录详情界面

(6) 新增人员注册界面。

用户在主界面点击右上角的 menu 按钮,并点击"新增人员"选项后,进入注册界面。主界面中 menu 菜单如图 1.20 所示;注册界面如图 1.21 所示;注册界面(注册中)如图 1.22 所示;注册界面(注册完成)如图 1.23 所示。

图 1.20　menu 菜单

图 1.21　注册界面

图 1.22　注册界面(注册中)

图 1.23　注册界面(注册完成)

备注:Android 端在使用前,需要配合底层端进行员工信息注册与录入。以下是注册过程介绍。

- Android 端进入注册界面后,填写用户信息,点击"注册"按钮,请求底层开始注册。
- 底层端基于 Android 端的人员信息进行操作(输入员工工号、指纹信息)。在 Android 端和底层端分别进行操作,因此操作过程中,注意两端人员信息保持同步。

● Android 端提示注册成功后，相关考勤人员的信息将被保存。

4. 智能门禁考勤系统 PC 端界面设计

(1) 登录模块。

在浏览器地址栏中输入网址 http://localhost:8080/IntelligentGuardSystem/login 进入登录界面。登录界面如图 1.24 所示。

图 1.24 登录界面

说明：账户信息为用户在云平台上已注册的账户信息。

(2) 设置模块。

在登录界面中，单击右上角的 menu 按钮，进入登录界面与设置界面。登录界面如图 1.25 所示，设置界面如图 1.26 所示。

图 1.25 登录界面

图 1.26 设置界面

说明：在设置界面中，应用提供以下配置信息。

● IP 地址：api.nlecloud.com。
● 端口号：80。

- 设备 ID：每个用户在云平台上注册后，自身构建项目的设备信息。
- 门禁状态标识：门禁传感器标识。
- 员工门禁和考勤记录标识：打卡记录传感器标识。
- 内网 IP 地址：提供图片通信的服务器地址(默认地址：192.168.1.60)，底层有变动时，需要进行相应修改。
- 内网端口：提供图片通信的服务器地址端口号(默认端口：8800)。

备注：设备 ID 与传感器标识，每个项目在具体开发过程中，软件端必须和自己云平台上构建的项目信息相一致。

(3) 主界面模块。

登录成功后，进入主界面。主界面(正常状态：门已关)如图 1.27 所示；主界面(正常状态：门已开)如图 1.28 所示。

说明：主界面总共分为三部分(从上到下)。

- 显示当前门禁状态(关：见图 1.27；开：见图 1.28)。

图 1.27　主界面(正常状态：门已关)

图 1.28　主界面(正常状态：门已开)

- 显示当前最新的打卡记录信息(包括正常打卡状态和异常打卡状态)。
- 提供查询考勤记录数据入口,提供新增人员入口。

主界面(异常状态:获取异常图片)如图 1.29 所示;主界面(异常状态:显示异常打卡信息)如图 1.30 所示。

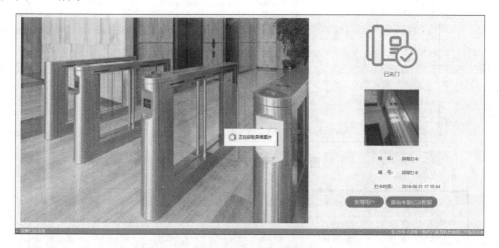

图 1.29　主界面(异常状态:获取异常图片)

图 1.30　主界面(异常状态:显示异常打卡信息)

(4) 考勤历史数据模块。

在主界面中,用户单击"查询考勤记录数据"按钮,进入考勤历史记录界面。该界面展示历史打卡记录数据。考勤历史记录界面如图 1.31 所示。

备注:默认情况下,查询的历史数据时间段是所有数据信息。用户可通过时间控件,单击选择起始时间和截止时间进行数据筛选(用户可选的时间最晚只能是当前时间。如果结束时间早于起始时间,数据不被刷新,同时提示用户"结束时间不能早于起始时间")。

(5) 新增人员注册模块。

用户在主界面单击右下角按钮,并单击"新增用户"选项,进入注册界面。新增人员注册模块如图 1.32 所示,注册中界面如图 1.33 所示,注册完成界面如图 1.34 所示。

图 1.31 考勤历史记录界面

图 1.32 新增人员-注册模块

图 1.33 注册中的界面

图 1.34 注册完成界面

备注：PC 端使用前，需要配合底层端完成员工信息注册录入。以下是具体注册过程介绍。

① PC 进入注册界面后，填写用户信息，单击"注册"按钮请求底层端开始注册。
② 底层端基于 PC 端的人员信息进行操作(输入用户工号、指纹信息)。

说明：PC 端和底层端分别进行操作。因此，在操作过程中，要注意保持两端人员信息同步。

③ PC 端提示注册成功后，相关考勤人员的信息将被保存。

(6) 关于模块。

在登录界面中，单击右上角头像，并选择"关于我们"选项，进入关于界面。关于界面主要介绍版本信息以及公司信息。关于界面如图 1.35 所示。

图 1.35　关于界面

5. 在云平台上新建智能门禁考勤系统项目

(1) 新大陆物联网云初始界面。

用浏览器访问网址 http://www.nlecloud.com/，建议使用 Google Chrome 浏览器。访问指定网址后，出现新大陆物联网云初始界面，如图 1.36 所示。

图 1.36　新大陆物联网云初始界面

(2) 注册账号界面。

单击"新大陆物联网云"初始界面右上角的"新用户注册"按钮，注册用户账号。注册账号界面如图 1.37 所示。

(3) 开发者中心界面。

在"开发者中心"新建一个"智能门禁考勤系统"项目。开发者中心界面如图 1.38 所示。

图 1.37　注册账号界面

图 1.38　开发者中心界面

(4) 添加项目界面。

添加项目界面如图 1.39 所示。按图 1.39 填写好各个项目，然后单击"下一步"按钮。

图 1.39　添加项目界面

(5) 添加设备界面。

添加设备界面如图 1.40 所示。填写时"设备标识"要注意保持唯一性，不能与其他用户重复。建议格式：AcsCtrlAndAtdSys +学号后四位，最后单击"确定添加设备"按钮。

(6) 设备管理界面。

设备管理界面如图 1.41 所示。在开发者中心界面，单击设备区的图标按钮，跳转到设备管理界面，记录设备 ID、设备标识、传输密钥，以备后续编程开发使用，最后单击标题"智能门禁考勤"。

(7) 创建设备传感器界面。

在设备传感器界面，可创建传感器。设备传感器界面如图 1.42 所示。传感器添加完成后的界面如图 1.43 所示。

图 1.40 添加设备界面

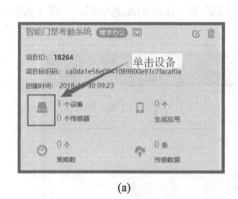
(a)

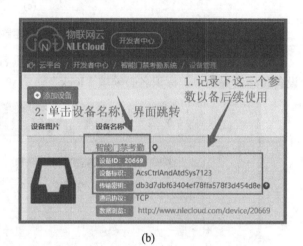
(b)

图 1.41 设备管理界面

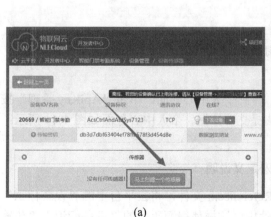
(a)

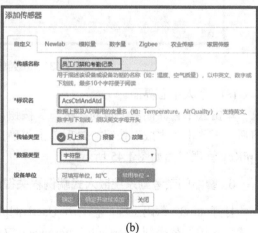
(b)

图 1.42 设备传感器界面

(c)

图 1.42 设备传感器界面(续)

注意：在图 1.42(b)设备传感器界面中，"标识名"必须填"AcsCtrlAndAtd"。在图 1.42(c)设备传感器界面中，标识名必须填"lock"。

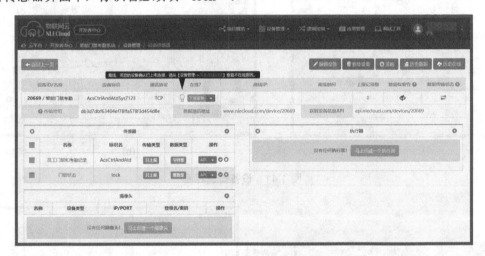

图 1.43 传感器添加完成后的界面

(8) 个人中心界面。

单击云平台界面右上角的"账户"按钮，转到个人中心界面。单击"ApiKey 管理"按钮后，再单击"生成"按钮，最后单击"确认提交"按钮。个人中心界面如图 1.44 所示；ApiKey 管理界面如图 1.45 所示。

6. 智能门禁考勤系统嵌入式端例程关键宏定义说明

打开 stm32 源码工程，再打开 UserLwIpReference.h 文件，将云平台上的"设备标识""传输密钥"替换到 UserLwIpReference.h 文件中，这样使得源码中的"设备标识""传输密钥"与云平台上的"设备标识""传输密钥"一致。如果用户需要更改智能门禁考勤系统的 IP 地址、子网掩码、网关，以及本地服务器的端口号(备注：注册员工时，智能门禁考勤机作为服务器使用，用于采集被注册员工头像)，均在 UserLwIpReference.h 文件中修改。云平台上的设备标识与传输密钥如图 1.46 所示；stm32 源码工程的设备标识与传输密钥界面如图 1.47 所示。

图 1.44　个人中心界面

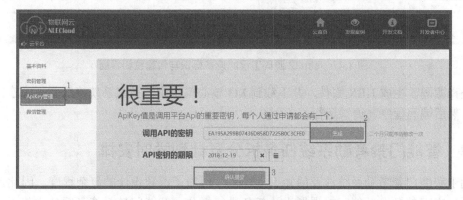

图 1.45　ApiKey 管理界面

图 1.46　云平台上的设备标识与传输密钥

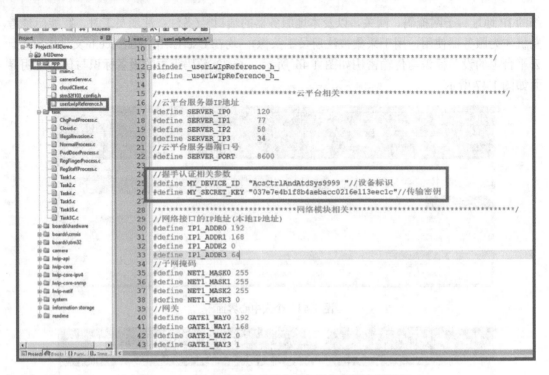

图 1.47 stm32 源码工程的设备标识与传输密钥界面

编译源码，生成 HEX 固件，并下载到 M3 核心模块中。按照系统接线图正确连接各个模块，然后编写程序、调试运行。

1.2.3 智能门禁考勤系统任务拆分及计划学时安排

由于智能门禁考勤系统涉及的知识点较多，增加了课题设计的复杂程度。因此，需要结合系统实现的各个功能，对课题设计任务进行拆分。智能门禁系统可拆分成若干个功能模块，如键盘模块、指纹识别模块、摄像头拍照模块、LCD 显示模块、网络通信模块、门锁控制模块、手机 App 应用程序设计、PC 端应用程序设计等。根据每个模块功能进行单独设计与调试，各个模块功能实现之后，再根据总的工作流程，把各个模块连接起来，并结合相应的工作时序，最终实现智能门禁系统的功能要求。

为保证学生按时完成课题设计任务，达到实战演练目的，指导教师可根据项目总体设计任务，按系统功能将设计任务拆分成多个子任务。教师可根据学生专业特点，分配设计子任务。智能门禁系统任务拆分及推荐计划学时如表 1.7 所示。

表 1.7 智能门禁考勤系统任务拆分及计划学时

项目编号	项目名称	计划学时
任务一	键盘识别与处理	4 学时
任务二	指纹采集	6 学时
任务三	摄像头拍照与 LCD 显示	6 学时

续表

项目编号	项目名称		计划学时
任务四	网络通信驱动程序设计		4 学时
任务五	门锁开/关控制		2 学时
任务六	Android 端应用开发	任务 1 门禁状态及考勤数据查询模块开发	20 学时
		任务 2 考勤历史数据查询模块开发	
		任务 3 注册模块-图片获取开发	
任务七	Java 端应用开发	任务 1 登录模块开发	25 学时
		任务 2 门禁状态及考勤数据查询模块开发	
		任务 3 考勤历史数据查询模块开发	
		任务 4 注册模块-图片获取开发	

1.3 课题任务设计

1.3.1 任务一 键盘识别与处理

功能描述：通过键盘的识别与处理，实现课题"正常工作模式""指纹管理模式""登记员工信息模式""密码开锁模式""密码管理模式"五种工作模式的相互切换。

1. 键盘与嵌入式微处理器 M3 接口电路设计

(1) 矩阵式键盘模块与 M3 接口电路。

矩阵式键盘模块与 M3 接口电路如图 1.48 所示。

(2) 矩阵式键盘与 M3 引脚连接定义说明。

矩阵式键盘与 M3 引脚连接定义说明参见表 1.1。

(3) 智能门禁考勤系统按键键值及功能定义。

智能门禁考勤系统按键键值及功能定义如表 1.8 所示。

2. 按键识别软件设计思路及流程

(1) 按键识别软件设计思路。

- 配置 M3 内部对应引脚。矩阵式键盘模块的行线 ROW4、ROW3、ROW2、ROW1、ROW0 分别连接 M3 引脚 PA15、PC10、PC11、PC12、PD2，并将其分别设置为上拉输出模式；矩阵式键盘模块的列线 COL0、COL1、COL2、COL3、COL4 分别连接 M3 引脚 PC7、PC8、PC9、PA13、PA14，并将其分别设置为上拉输入模式。
- 扫描按键，延时去抖，判断哪一个键按下。
- 按键识别，执行相应键的功能。

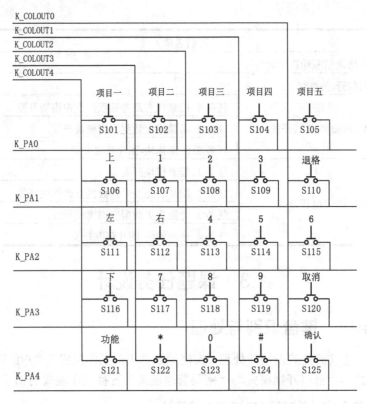

图 1.48 矩阵式键盘模块与 M3 接口电路

表 1.8 智能门禁考勤系统按键键值及功能定义

按键编号	键　值	按键功能
S101	41	"项目一模式"
S102	31	"项目二模式"
S103	21	"项目三模式"
S104	11	"项目四模式"
S105	1	"项目五模式"
S107	32	数字"1"
S108	22	数字"2"
S109	12	数字"3"
S113	23	数字"4"
S114	13	数字"5"
S115	3	数字"6"
S117	34	数字"7"
S118	24	数字"8"
S119	14	数字"9"
S123	25	数字"0"

续表

按键编号	键 值	按键功能
S106	42	"上"
S111	43	"左"
S112	33	"右"
S116	44	"下"
S110	2	"退格"
S120	4	"取消"
S121	45	"功能"
S122	35	"*"
S124	15	"#"
S125	5	"确认"

(2) 按键识别软件设计流程。

按键扫描软件流程图如图1.49所示。

系统初始化后，默认进入"正常工作模式"，系统根据工作状态标志切换工作模式。分别按下键盘模块"项目一""项目二""项目三""项目四""项目五"按键时，系统将依次切换进入"正常工作模式""指纹管理模式""登记员工信息模式""密码开锁模式""密码管理模式"。主体任务执行结束后，系统进入服务器通信进程。智能门禁考勤系统工作模式切换流程图如图1.50所示。

① 按下"项目一"按键后，系统执行"正常工作模式"子程序。正常工作模式子程序流程图如图1.51所示。

② 按下"项目二"按键后，系统执行"指纹管理模式"子程序。指纹管理模式子程序流程图如图1.52所示。

③ 按下"项目三"按键后，执行"登记员工信息模式"子程序。登记员工信息模式子程序流程图如图1.53所示。

④ 按下"项目四"按键，执行"密码开锁模式"子程序。密码开锁模式子程序流程图如图1.54所示。

⑤ 按下"项目五"按键后，执行"密码管理模式"子程序。密码管理模式子程序流程图如图1.55所示。

备注：

(1) 一旦触发系统报警，输入正确的密码或指纹可消除报警。

(2) 密码0、密码1、密码2的默认值均为"000000"。

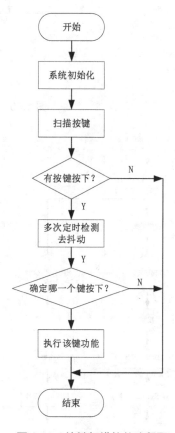

图1.49 按键扫描软件流程图

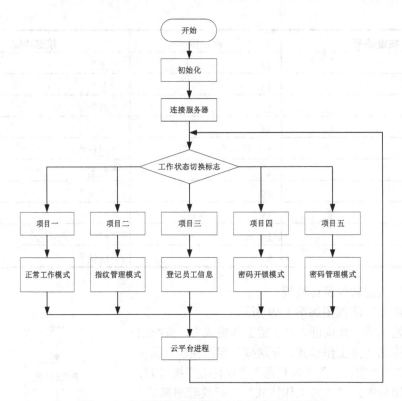

图1.50 智能门禁考勤系统工作模式切换流程图

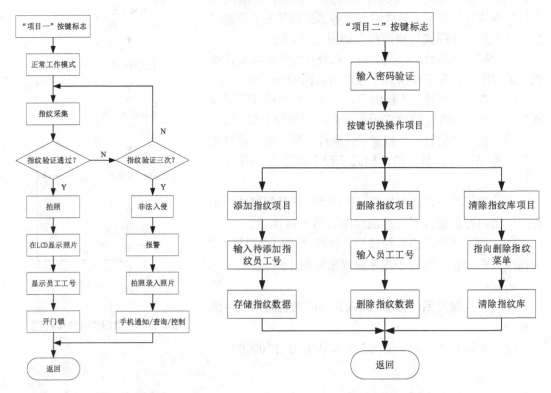

图1.51 正常工作模式子程序流程图　　图1.52 指纹管理模式子程序流程图

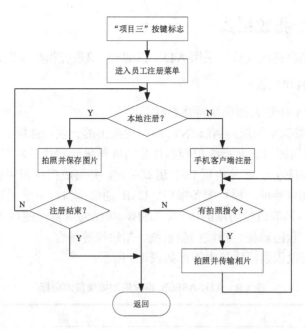

图 1.53 登记员工信息模式子程序流程图

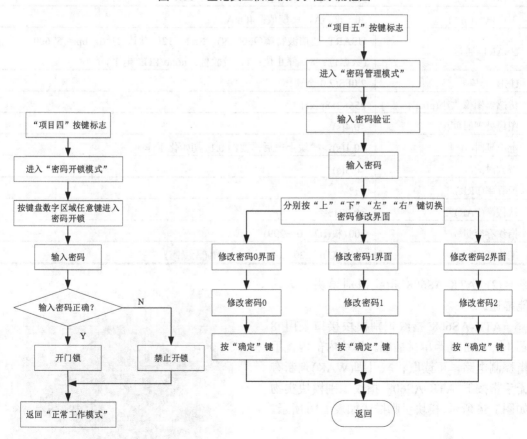

图 1.54 密码开锁模式子程序流程图　　图 1.55 密码管理模式子程序流程图

1.3.2　任务二　指纹采集

功能描述：在指纹管理模式，采用 ATK-AS608 模块进行指纹识别，并录入指纹。

1. 指纹采集硬件电路设计

(1) ATK-AS608 指纹识别模块特性参数。

ATK-AS608 指纹识别模块是 ALIENTEK 公司推出的一款高性能的光学指纹识别模块。ATK-AS608 模块采用国内著名指纹识别芯片公司杭州晟元芯片技术有限公司(Synochip)研制的 AS608 指纹识别芯片。芯片内置 DSP 运算单元，并集成指纹识别算法，可高效、快速采集图像，并识别指纹特征。模块配备串口、USB 通信接口，用户无须研究复杂的图像处理及指纹识别算法，只需通过简单的串口、USB，按照通信协议便可控制模块。本模块可应用于各种考勤机、保险箱柜、指纹门禁系统、指纹锁等场合。

ATK-AS608 指纹识别模块技术指标如表 1.9 所示。

表 1.9　ATK-AS608 指纹识别模块技术指标

项 目	说 明
工作电压(V)	3.0～3.6V，典型值：3.3V
工作电流(mA)	30～60mA，典型值：40mA
USART 通信	USART 通信波特率(9600×N)，N=1～12。默认 N=6，bps= 57600 (数据位：8，停止位：1，校验位：none TTL 电平)
USB 通信	2.0FS(2.0 全速)
传感器图像大小(pixel)	256×288pixel
图像处理时间(s)	<0.4(s)
上电延时(s)	<0.1(s)，模块上电后需要约 0.1s 初始化工作
搜索时间(s)	<0.3(s)
拒真率(FRR)	<1%
认假率(FAR)	<0.001%
指纹存容量	300 枚(ID：0～299)
工作环境	温度(℃)：−20～60，湿度<90%(无凝露)

(2) ATK-AS608 指纹识别模块引脚功能描述。

ATK-AS608 指纹识别模块接口采用 8 芯 1.25 mm 间距单排插座。模块内部内置手指探测电路，可读取状态引脚(WAK)判断有无手指按下。ATK-AS608 指纹识别模块实物如图 1.56 所示，模块引脚描述如表 1.10 所示。

图 1.56　ATK-AS608 指纹识别模块实物

表 1.10 ATK-AS608 指纹识别模块引脚描述

序号	名称	说明
1	Vi	模块电源正输入端
2	Tx	串行数据输出。TTL 逻辑电平
3	Rx	串行数据输入。TTL 逻辑电平
4	GND	信号地。内部与电源地连接
5	WAK	感应信号输出，默认高电平有效
6	Vt	触摸感应电源输入端，3.3V 供电
7	U+	USB D+
8	U-	USB D-

(3) ATK-AS608 指纹识别模块系统资源。

① 缓冲区与指纹库。

系统内设有一个 72KB 的图像缓冲区以及两个 512B 大小的特征文件缓冲区，名字分别称为 ImageBuffer、CharBuffer1 和 CharBuffer2。用户可通过指令读写任意一个缓冲区。CharBuffer1 或 CharBuffer2 既可以用于存放普通特征文件，也可以用于存放模板特征文件。通过 UART 口上传或下载图像时，为加快图像传输速度，只使用像素字节高 4 位，即将两个像素合成为一个字节传送。若通过 USB 口传输图像，则使用整 8 位像素。

指纹库容量根据挂接的 FLASH 容量不同而改变，系统可自动判别。指纹模板按照序号存放，序号定义为：0~N-1(N 为指纹库容量)。用户只能根据序号访问指纹库内容。

② 用户记事本。

系统在 FLASH 中开辟了一个 512 字节的存储区域作为用户记事本。该记事本逻辑上被分成 16 页，每页 32 字节。上位机可通过 PS_WriteNotepad 指令与 PS_ReadNotepad 指令访问任意一页。应注意写记事本某一页时，该页 32 字节的内容会被整体写入，原内容被覆盖。

③ 随机数产生器。

系统内部集成了硬件 32 位随机数生成器(不需要随机数种子)，用户可以通过指令使模块产生一个随机数，并上传给上位机。

(4) ATK-AS608 指纹识别软件开发指南。

① 模块地址(大小：4B，属性：读写)。

模块的默认地址为 0xFFFFFFFF，可通过指令进行修改。数据包地址域只有与该地址相匹配时，命令包/数据包才被系统接收。

注意：模块与上位机通信时，其默认地址必须为 0xFFFFFFFF。

② 模块口令(大小：4B，属性：写)。

系统默认口令为 0，可通过指令进行修改。若默认口令未被修改，则系统不要求验证口令，上位机与 MCU 和芯片就可通信；若口令被修改，则上位机与芯片通信的第一个指令必须是验证口令，只有口令验证通过后，芯片才接收其他指令。

注意：不建议修改口令。

③ 数据包大小设置(大小：1B，属性：读写)。

发送数据包和接收数据包的长度根据数据包大小设定。

④ 波特率系数 N 设置(大小：1B，属性：读写)。
USART 波特率=N×9600，N=1～12。

⑤ 安全等级 level 设置(大小：1B，属性：读写)。

系统根据安全等级设定比对阈值，level=1～5。安全等级为 1 时认假率最高，拒认率最低。安全等级为 5 时，认假率最低，拒认率最高。

注意：以上设置均可通过指令进行修改。关于详细指令配置，请参考 ATK-AS608 指纹识别模块资料文件夹中的 AS60x 指纹识别 SOC 通信手册 v1.0。

(5) 通信协议。

上位机、MCU 与模块通信发送与接收模块指令和数据时，按照模块指令格式打包。解析指令和接收数据包也按照此格式。

① 模块指令格式。

模块指令格式分为三种：命令包格式如表 1.11 所示，数据包格式如表 1.12 所示，结束包格式如表 1.13 所示。

表 1.11 命令包格式

字节数	2B	4B	1B	2B	1B				2B
名称	包头	芯片地址	包标识	包长度	指令	参数 1	…	参数 n	校验和
内容	0xEF01	XXXX	01	N=					

表 1.12 数据包格式

字节数	2B	4B	1B	2B	N B	2B
名称	包头	芯片地址	包标识	包长度	数据	校验和
内容	0xEF01	XXXX	02	N=		

表 1.13 结束包格式

字节数	2B	4B	1B	2B	N B	2B
名称	包头	芯片地址	包标识	包长度	数据	校验和
内容	0xEF01	XXXX	08	N=		

说明：
- 发送模块与接收模块的数据包格式相同。
- 数据包不是单独发送和接收，而是在发送指令包之后或接收了应答包之后开始发送与接收。
- 包长度=包头至校验和(指令、参数或数据)的总字节数。包含校验和，但不包含包长度本身的字节数。
- 校验和是从包标识至校验和之间所有字节之和。
- 模块地址在生成之前为默认值 0xFFFFFFFF，一旦上位机通过指令生成了模块地址，则所有的数据包都必须按照生成的地址收发。模块将拒绝接收地址错误的数据包。

② 模块应答格式。

应答将有关命令执行情况与结果上报给上位机。

上位机只有收到模块的应答包后，才能确认模块接收包情况以及指令执行情况。模块应答包中包含一个参数：确认码。确认码表示执行指令完毕的情况。模块应答格式如表1.14所示。

表1.14 模块应答格式

2B	4B	1B	2B	1B	N B	2 B
0xEF01	模块地址	包标识07	包长度	确认码	返回参数	校验和

确认码定义如下。

00H：表示指令执行完毕。

01H：表示数据包接收错误。

02H：表示传感器上没有手指。

03H：表示录入指纹图像失败。

04H：表示指纹图像太干、太淡而生不成特征。

05H：表示指纹图像太湿、太糊而生不成特征。

06H：表示指纹图像太乱而无法生成特征。

07H：表示指纹图像正常，但特征点太少(或面积太小)而无法生成特征。

08H：表示指纹不匹配。

09H：表示没搜索到指纹。

0aH：表示特征合并失败。

0bH：表示访问指纹库时地址序号超出指纹库范围。

0cH：表示从指纹库读模板出错或无效。

0dH：表示上传特征失败。

0eH：表示模块不能接收后续数据包。

0fH：表示上传图像失败。

10H：表示删除模板失败。

11H：表示清空指纹库失败。

13H：表示口令不正确。

14H：表示系统复位失败。

15H：表示缓冲区内没有有效原始图而无法生成图像。

18H：表示读写 FLASH 出错。

19H：未定义错误。

1aH：无效寄存器号。

1bH：寄存器设定内容错误。

1cH：记事本页码指定错误。

1dH：端口操作失败。

1eH：自动注册(enroll)失败。

1fH：指纹库满。

(6) ATK-AS608 指纹识别常用指令集。

ATK-AS608 模块功能丰富,其共有 31 条指令,尽管指令较多,但实际常用的指令只有几条。常用指令集及功能描述如表 1.15 所示。

表 1.15 ATK-AS608 模块常用指令集及功能描述

指令码	函 数 名	功能描述
01H	PS_GetImage	从传感器上读入图像存于图像缓冲区
02H	PS_GenChar	根据原始图像生成指纹特征存于 CharBuffer1 或 CharBuffer2
03H	PS_Match	精确比对 CharBuffer1 与 CharBuffer2 中的特征文件
04H	PS_Search	以 CharBuffer1 或 CharBuffer2 中的特征文件搜索整个或部分指纹库
05H	PS_RegModel	将 CharBuffer1 与 CharBuffer2 中的特征文件合并生成模板存于 CharBuffer1 与 CharBuffer2
06H	PS_StoreChar	将特征缓冲区中的文件储存到 FLASH 指纹库中
0CH	PS_DeletChar	删除 FLASH 指纹库中的一个特征文件
0DH	PS_Empty	清空 FLASH 指纹库
0EH	PS_WriteReg	设置系统参数
0FH	PS_ReadSysPara	读系统基本参数
1BH	PS_HighSpeedSearch	高速搜索 FLASH 指纹库
1DH	PS_ValidTempleteNum	读有效模板个数

注意:"AS60x 指纹识别 SOC 通信手册 v1.0.pdf"中的指令详解,详细介绍了每一条指令的发送格式及接收应答的格式。指令详解以及更多用户指令,请参考"ATK-AS608 指纹识别模块资料\AS60x 指纹识别 SOC 通信手册 v1.0.pdf"。

(7) ATK-AS608 指纹识别模块上位机调试。

USB 通信模式下调试过程如下。

第一步:使用线材包中提供的 Micro-Mini USB 数据线,将 USB 通信模块与计算机连接。

第二步:在计算机设备管理器中可看到"USB 大容量存储设备",这就是指纹识别模块。计算机设备管理器识别 USB 设备界面如图 1.57 所示。

图 1.57 计算机设备管理器识别 USB 设备界面

第三步:打开"模块资料\2,配套软件\指纹模块测试上位机\指纹测试.exe",然后在上位机中单击"打开设备"按钮,出现上位机界面,如图 1.58 所示。

第四步:通信成功界面如图 1.59 所示。

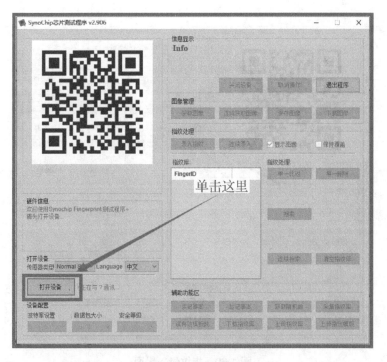

图 1.58 上位机界面

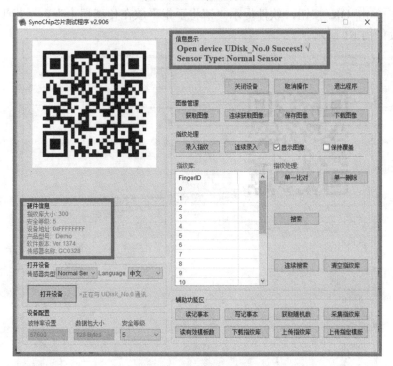

图 1.59 通信成功界面

第五步：通信成功之后，可查看硬件信息、指纹库等。单击"录入指纹"按钮后，出现指纹录入界面。在该界面中，输入"0"为录入指纹 ID。指纹录入界面如图 1.60 所示。

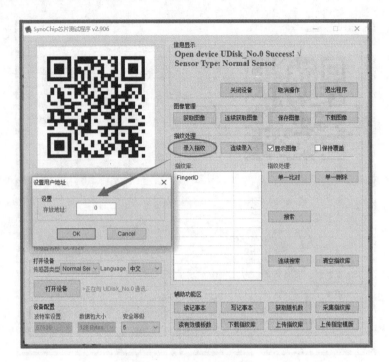

图 1.60　指纹录入界面

第六步：单击 OK 按钮，软件提示"请将手指平放在传感器上"。手指平放在传感器上提示界面如图 1.61 所示。

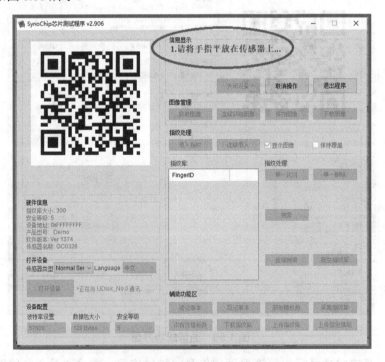

图 1.61　手指平放在传感器上提示界面

第七步：按照提示将手指平放在传感器上，等待图像上传。指纹录入与上传界面如图 1.62 所示。

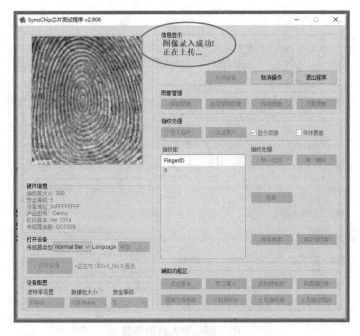

图 1.62　指纹录入与图像上传界面

第八步：第一次录入图像成功之后，软件会提示"2.请将手指平放在传感器上"，表示第二次录入图像，如图 1.63 所示。

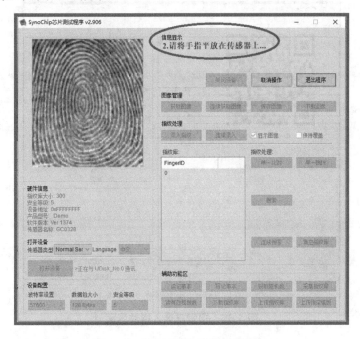

图 1.63　第二次录入指纹图像界面

第九步：当两次录入图像的指纹经过对比匹配完全一致时，说明指纹录入成功。录入成功界面如图 1.64 所示。

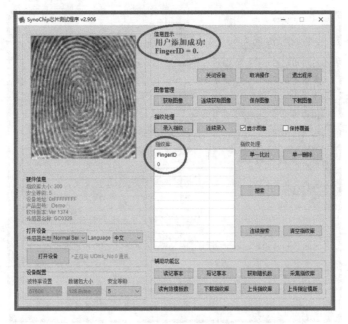

图 1.64　录入成功界面

第十步：前面操作录入了一个指纹，下面对指纹进行验证。单击"搜索"按钮，出现搜索界面。搜索已录入指纹界面如图 1.65 所示。

图 1.65　搜索已录入指纹界面

第十一步：单击"搜索"按钮后，软件提示"请将手指平放在传感器上"。录入指纹界面如图 1.66 所示。

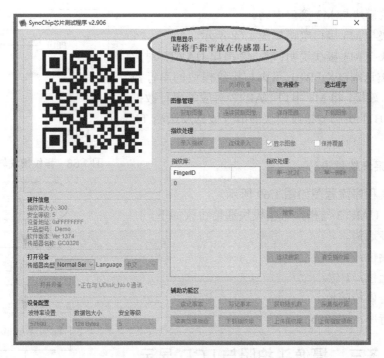

图 1.66 录入指纹界面

第十二步：根据提示将手指放在指纹传感器上，录入图像成功后，系统对比录入图像与指纹库。如果对比匹配成功，则提示"找到相同手指！√FingerID=0……"。指纹对比界面如图 1.67 所示。

图 1.67 指纹对比界面

(8) 指纹模块与 M3 接口电路。

指纹模块与 M3 接口电路如图 1.68 所示。

指纹模块与 M3 接线说明：将 M3 串口 UART3 对应的串行数据发送端(TX)PB10 引脚与指纹模块的串行数据接收端 RX 连接；将 M3 串口 UART3 对应的串行数据接收端(RX)PB11 引脚与指纹模块的串行数据发送端 TX 连接。

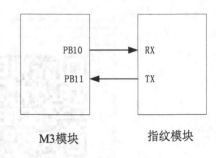

图 1.68　指纹模块与 M3 接口电路

2. 指纹采集软件设计

指纹采集程序流程图如图 1.69 所示。

M3 串口 UART3 与指纹采集模块通信协议如下。

(1) 异步通信。
(2) 起始位：1 位。
(3) 停止位：1 位。
(4) 无奇偶校验位。
(5) 波特率：57600bps。

1.3.3　任务三　摄像头拍照与 LCD 显示

功能描述：启动摄像头拍照，读取图像传感器数据并在 TFT 液晶屏显示,同时将拍照照片传输到智能终端。

1. 摄像头拍照硬件电路设计

(1) 摄像头模块简介。

OV7670/OV7171 CAMERACHIPTM 图像传感器主要特点是：体积小、工作电压低，并提供单片 VGA 摄像头和影像处理器的所有功能。通过 SCCB 总线控制，可输出整帧、子采样、取窗口等方式的各种分辨率 8 位影像数据。该产品 VGA 图像最高达到 30f/s。用户可完全控制图像质量、数据格式和传输方式。所有图像处理功能包括伽马曲线、白平衡、饱和度、色度等，都可通过 SCCB 接口编程实现。OmmiVision 图像传感器应用独有的传感器技术，通过减少或消除光学或电子缺陷如固定图案噪声、拖尾、浮散等，可提高图像质量，得到清晰且稳定的彩色图像。

(2) 摄像头模块功能。
- 高灵敏度，适合低照度应用。
- 低电压，适合嵌入式应用。
- 标准的 SCCB 接口，兼容 I^2C 接口。
- RawRGB，RGB(RGB4:2:2，RGB565/555/444)，

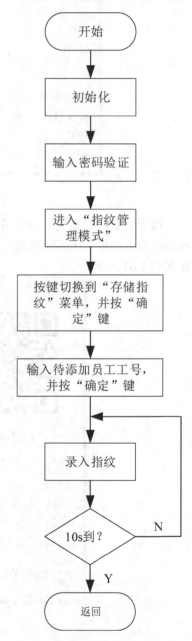

图 1.69　指纹采集程序流程图

YUV(4:2:2)和 YCbCr(4:2:2)输出格式。
- 支持 VGA、CIF 以及从 CIF 到 40×30 的各种尺寸。
- VarioPixel 子采样方式。
- 自动影像控制功能包括：自动曝光控制、自动增益控制、自动白平衡、自动消除灯光条纹、自动黑电平校准。图像质量控制包括：色饱和度、色相、伽马、锐度和 ANTI_BLOOM。
- ISP 具有消除噪声和坏点补偿功能。
- 支持闪光灯：LED 灯和氙灯。
- 支持图像缩放。
- 镜头失光补偿。
- 50/60Hz 自动检测。
- 饱和度自动调节(UV 调整)。
- 边缘增强自动调节。
- 降噪自动调节。

(3) 摄像头模块内部结构图。

摄像头模块内部结构图如图 1.70 所示。

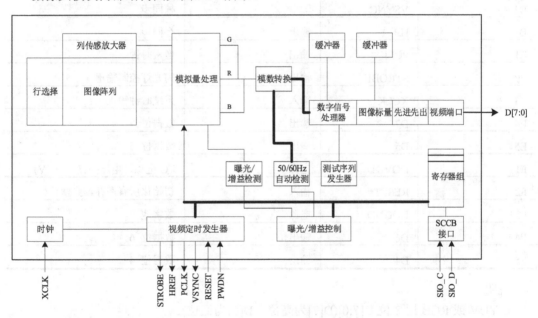

图 1.70 摄像头模块内部结构图

(4) 摄像头模块引脚定义。

摄像头模块引脚定义如表 1.16 所示。

表 1.16 摄像头模块引脚定义

引 脚	名 称	类 型	功能/说明
A1	AVDD	电源	模拟电源
A2	SIO_D	输入/输出	SCCB 数据口
A3	SIO_C	输入	SCCB 时钟口
A4	D1a	输出	数据位 1
A5	D3	输出	数据位 3
B1	PWDN	输入(0)b	POWER DOWN 模式选择
B2	VREF2	参考	参考电压-并 0.1μF 电容
B3	AGND	电源	模拟地
B4	D0	输出	数据位 0
B5	D2	输出	数据位 2
C1	DVDD	电源	核电压+1.8V DC
C2	VREF1	参考	参考电压-并 0.1μF 电容
D1	VSYNC	输出	帧同步
D2	HREF	输出	行同步
E1	PCLK	输出	像素时钟
E2	STROBE	输出	闪光灯控制输出
E3	XCLK	输入	系统时钟输入
E4	D7	输出	数据位 7
E5	D5	输出	数据位 5
F1	DOVDD	电源	I/O 电源，电压（1.7～3.0V）
F2	RESET#	输入	初始化所有寄存器到默认值
F3	DOGND	电源	数字地
F4	D6	输出	数据位 6
F5	D4	输出	数据位 4

说明：

a. YUV 或 RGB 用 8 位 D[7:0](D[7]为高位，D[0]为低位)。

b. 输入(0)表示有内部下拉电阻。

(5) 摄像头模块读数据时序。

摄像头模块读数据时序(读使能)如图 1.71(a)所示，摄像头模块读数据时序(读复位)如图 1.71(b)所示。

(6) 摄像头模块与 M3 接口电路。

摄像头模块与M3接口电路如图1.72所示。

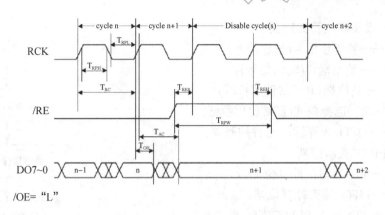

(a) 读使能

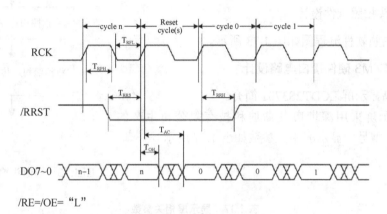

(b) 读复位

图 1.71　摄像头模块读数据时序

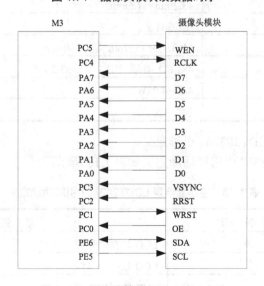

图 1.72　摄像头模块与 M3 接口电路

以下是摄像头模块管脚定义。
VSYNC——帧同步信号(输出信号)。
D0~D7——数据端口(输出信号)。
RESTE——复位端口(正常使用拉高)。
WEN——功耗选择模式(正常使用拉低)。
RCLK——FIFO 内存读取时钟控制端。
OE——FIFO 关断控制。
WRST——FIFO 写指针复位端。
RRST——FIFO 读指针复位端。
SIO_C——SCCB 接口的控制时钟。
SIO_D——SCCB 接口的串行数据输入。

2. 摄像头拍照软件设计

摄像头拍照软件流程图如图 1.73 所示。

3. LCD 与 M3 硬件接口电路设计

(1) 液晶显示屏 LCDT283701 简介。

液晶显示屏采用深圳市艾斯迪科技有限公司生产的 LCDT283701 型号。显示屏相关参数如表 1.17 所示。

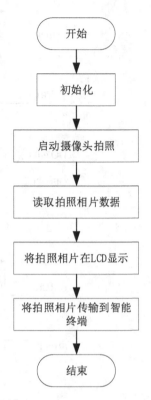

图 1.73　摄像头拍照软件流程图

表 1.17　显示屏相关参数

产品名称	2.8 英寸 TFT 液晶屏
外观尺寸	50mm×69.2mm×4.2mm
显示尺寸	43.2mm×57.6mm
驱动 IC	ILI9341
接口类型	MCU 并口 37pin 焊脚 8/16bit
背光类型	4×LED 并联 电压：2.8~3.3V
功耗	4.2~4.95W
分辨率	240×320

(2) 液晶显示屏 LCDT283701 引脚定义。

液晶显示屏 LCDT283701 引脚功能定义如表 1.18 所示。

表 1.18　液晶显示屏 LCDT283701 引脚功能定义

管脚号	符号	功能
1	DB0	LCD 数据信号线
2	DB1	LCD 数据信号线
3	DB2	LCD 数据信号线

续表

管脚号	符 号	功 能
4	DB3	LCD 数据信号线
5	GNDE	地
6	VCC1	模拟电路电源(+2.8～+3.3V)
7	/CS	片选信号低有效
8	RS	指令/数据选择端,L:指令,H:数据
9	/WR	LCD 写控制端,低有效
10	/RD	LCD 读控制端,低有效
11	NC	悬空
12	X+	触摸屏信号线
13	Y+	触摸屏信号线
14	X-	触摸屏信号线
15	Y-	触摸屏信号线
16	LEDA	背光 LED 正极性端
17	LEDK1	背光 LED 负极性端
18	LEDK2	背光 LED 负极性端
19	LEDK3	背光 LED 负极性端
20	LEDK4	背光负极供电引脚
21	FMARK	帧同步信号
22	DB4	LCD 数据信号线
23	DB10	LCD 数据信号线
24	DB11	LCD 数据信号线
25	DB12	LCD 数据信号线
26	DB13	LCD 数据信号线
27	DB14	LCD 数据信号线
28	DB15	LCD 数据信号线
29	DB16	LCD 数据信号线
30	DB17	LCD 数据信号线
31	/RESET	复位信号线
32	VCI	模拟电路电源(2.8～3.3V)
33	VCC2	I/O 接口电压(2.8～3.3V)
34	GND	地
35	DB5	LCD 数据信号线
36	DB6	LCD 数据信号线
37	DB7	LCD 数据信号线

(3) 液晶显示屏 LCDT283701 与 M3 接口电路设计。

TFT 液晶显示屏模组与 M3 接口电路如图 1.74 所示。

4. LCD 界面与参数显示软件设计

(1) LCD 界面与参数显示软件设计思路。

① 编写初始化函数时，首先应对相关引脚进行配置，然后设计 LCD 界面参数显示函数。

② 设置 LCD 屏竖屏显示，先清空一行，再设置为黑字体、白背景，每行最多显示 15 个英文字符。

③ 开机时，TFT 液晶显示屏显示"正常工作模式"。

(2) LCD 界面与参数显示软件流程图。

LCD 界面与参数显示软件流程图如图 1.75 所示。

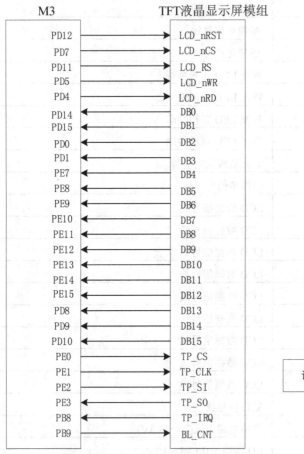

图 1.74 TFT 液晶显示屏模组与 M3 接口电路

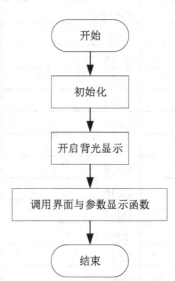

图 1.75 LCD 界面与参数显示软件流程图

1.3.4 任务四 网络通信驱动程序设计

功能描述：网络通信采用以太网控制器 ENC28J60 模块，首先对其内部相关寄存器初始化编程，然后通过以太网实现硬件层与应用层的数据传输。

1. 以太网控制器 ENC28J60 与 M3 接口电路设计

(1) 以太网控制器 ENC28J60 简介。

ENC28J60 是 Microchip Technology(美国微芯科技公司)推出的 28 引脚独立以太网控制器，也是目前最小封装的以太网控制器(目前市场上大部分以太网控制器采用的封装均超过 80 引脚)。在此之前，嵌入式设计人员在为远程控制或监控提供应用接入时，可选的以太网控制器都是专为个人计算系统设计的，既复杂又占空间，且价格比较昂贵。而符合 IEEE802.3 协议的 ENC28J60 只有 28 引脚，它既能提供相应的功能，又可以大大简化相关设计，并减小占板空间。此外，ENC28J60 以太网控制器采用业界标准的 SPI 串行接口，只需 4 条连线即可与主控单片机连接。这些功能加上由 Microchip 免费提供的、用于单片机的 TCP/IP 软件堆栈，使之成为目前市面上最小的嵌入式应用以太网解决方案。

(2) 以太网控制器 ENC28J60 特性。
- IEEE 802.3 兼容的以太网控制器。
- 集成 MAC 和 10 BASE-T PHY。
- 接收器和冲突抑制电路。
- 支持一个带自动极性检测和校正的 10BASE-T 端口。
- 支持全双工和半双工模式。
- 可编程在发生冲突时自动重发。
- 最高速度可达 10 Mbps 的 SPI 接口。
- 带可编程预分频器的时钟输出引脚。
- 工作电压范围从 3.14～3.45V。
- 工作温度：−45～85℃。

(3) 以太网控制器 ENC28J60 的内部结构。

ENC28J60 内部接口引脚如图 1.76 所示。ENC28J60 控制寄存器中最基本和最重要的 5 个寄存器分别是以太网中断使能控制寄存器 EIE，以太网中断标志寄存器 EIR，以太网状态寄存器 ESTAT，以太网辅助控制寄存器 ECON 2 和以太网主控制寄存器 ECON1。

(4) 以太网控制器 ENC28J60 的引脚。

以太网控制器 ENC28J60 的引脚如图 1.77 所示。

(5) 以太网控制器 ENC28J60 与 M3 接口电路。

以太网控制器 ENC28J60 与 M3 接口电路如图 1.78 所示。

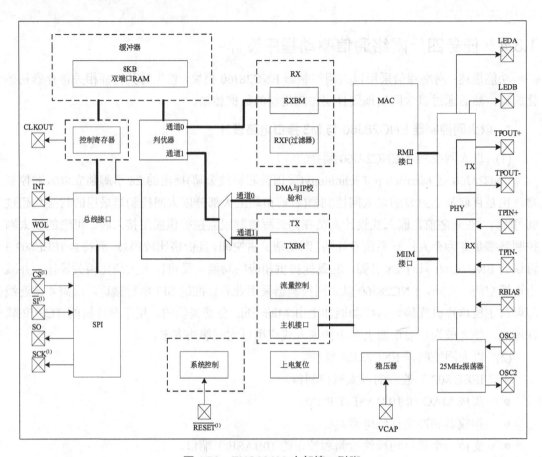

图 1.76 ENC28J60 内部接口引脚

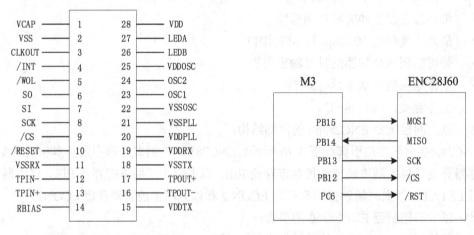

图 1.77 ENC28J60 的引脚　　　　图 1.78 ENC28J60 与 M3 接口电路

以太网控制器 ENC28J60 与 M3 接口引脚功能解释如表 1.19 所示。

2. 网络通信驱动程序设计思路及流程

(1) 网络通信驱动程序设计思路。

网关复位后,单片机对 USART 进行设置。本设计选择串口的通信方式为半双工模式,设置 UBRRH 和 UBRRL,使波特率为 9600bps。设置 UCSRB,使接收器与发送器使能,通过 UCSRC 寄存器设置帧格式。

表 1.19 ENC28J60 与 M3 接口引脚功能解释

ENC28J60 引脚名称	ENC28J60 引脚功能
MOSI	SPI 接口数据输入端
MISO	SPI 接口数据输出端
SCK	SPI 接口时钟输入端
/CS	SPI 接口片选输入端
/RST	器件复位输入端,低电平有效

(2) 网络通信驱动程序设计流程。

初始化程序流程图如图 1.79 所示。

主程序流程图如图 1.80 所示。

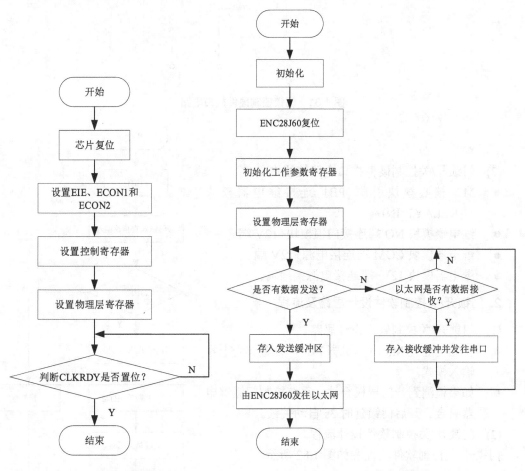

图 1.79 初始化程序流程图 图 1.80 主程序流程图

1.3.5 任务五 门锁开/关控制

功能描述：如果密码输入或指纹输入合法，则 M3 端调用门锁开/关函数，控制电控锁开启，并上报开锁/关锁标志、员工工号；如果密码输入或指纹输入不合法，则启动报警功能。

1. 门锁与 M3 硬件接口电路设计

(1) 门锁与 M3 接口电路。

电控锁是被控设备，如果授权合法，M3 核心模块控制电控锁启动开锁功能。由于电控锁的工作电流比较大，因此采用继电器控制电控锁。门锁控制硬件接口电路如图 1.81 所示。

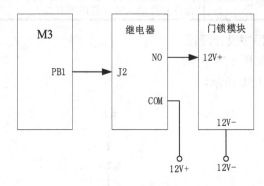

图 1.81 门锁控制硬件接口电路

(2) 门锁开/关控制硬件接口电路接线定义。
- M3 核心模块引脚 PB1 连接继电器模块 J2(RELAY1_IN)端。
- 继电器模块 NO 端连接门锁模块+12V 端。
- 继电器模块 COM 端连接电源+12V 端。
- 继电器模块 12V-端连接电源接地端。

2. 门锁开/关控制软件设计思路及流程

(1) 门锁开/关控制软件设计思路。
- 初始化配置 M3 内部引脚 PB1，设置其为上拉输入模式。
- 如果检测到开门授权合法，系统控制门锁继电器吸合。开启门锁延时 3s 自动关锁。

(2) 门锁开/关控制软件设计流程。

门锁开/关控制软件流程图如图 1.82 所示。

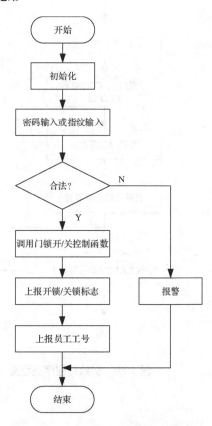

图 1.82 门锁开/关控制软件流程图

1.3.6 任务六 Android 端应用设计

1. 任务 1 门禁状态及考勤数据查询模块开发

(1) 功能描述。

在 MainActivity.java 类中，完成两个传感器数据的获取并展示，实现函数 getDeviceInfo() 的具体逻辑功能。获取的两个传感器数据说明如下。

- 门锁状态(0：关；1：开)。
- 最近员工打卡记录信息(员工工号及打卡时间)；同时基于员工工号信息，从本地数据库查询员工的基本信息(员工姓名、员工头像等)。

其中在 MainActivity.java 类中，包含以下函数。

- queryUserInfoInDB(String userNoStr)：基于用户编号，查询本地数据库获取用户信息。
- setAbnormalUserInfo()：异常打卡时，设置相关姓名及编号的文本信息为"异常打卡"。
- getAbnormalPicture()：从云平台获取打卡记录为异常时，连接内网服务器，通过以太网形式从服务器获取异常打卡人员的头像信息。

(2) 结果描述。

已注册员工打卡操作时，显示该员工的打卡信息如下。

- 门锁打开。
- 界面显示该员工的姓名、编号、打卡时间及员工头像。

未注册的员工打卡操作时，系统显示信息如下。

- 门锁关闭。
- 界面显示异常打卡信息，同时请求异常拍照，显示异常打卡时摄像头的照片。

(3) 任务 1 业务流程图。

任务 1 业务流程图如图 1.83 所示。

2. 任务 2 考勤历史数据查询模块开发

(1) 功能描述。

在 MainActivity.java 类中，实现函数 getHistoryDatas()的具体逻辑功能，完成考勤历史数据查询操作，并支持基于时间的历史数据查询。同时显示员工的具体信息，包括员工姓名、员工部门。单击数据记录时，显示该员工的头像。

(2) 结果描述。

用户能够基于时间区域，查询对应时间区域内的考勤记录信息。

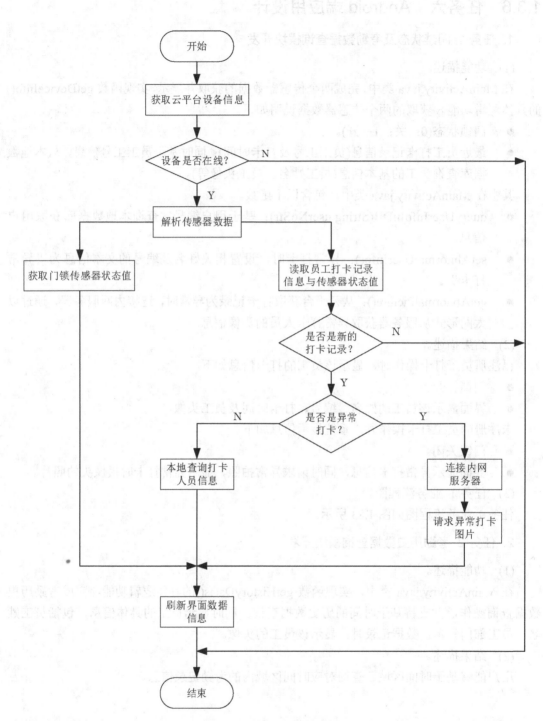

图 1.83 任务 1 业务流程图

(3) 任务 2 业务流程图。

任务 2 业务流程图如图 1.84 所示。

3. 任务 3 注册模块-图片获取开发

(1) 功能描述。

在 RegisterActivity.java 类中，实现函数 registerEmployees() 的具体逻辑功能，完成新员工注册。

在 SocketUtil.java 类中，实现以下开发内容。

① 实现 Socket 通信的 3 个流程。
- 创建客户端 Socket，指定服务器地址和端口。
- 获取输出流，向服务器端发送信息。
- 获取输入流，读取服务器端响应信息。

② 实现指令发送接口。
- sendHeartBeatCmd()：发送心跳指令。
- sendStartTakePicture()：发送请求拍照指令。
- sendRequestPacekgePicture()：发送请求图片分包发送指令。
- requestPictureDatas()：发送请求具体数据包指令。

图 1.84 任务 2 业务流程图

在 MainActivity.java 类中，包含以下函数。
- createPictureFile()：数据接收完成后，基于数据流，本地创建图片文件。
- refreshPictureView()：注册成功后，服务端返回注册人员的头像信息，并刷新 UI 界面。
- saveUserInfoToDB()：注册成功后，服务端返回注册人员头像信息，并将图片保存到本地数据库中。

在 RequsetUtil.java 工具类中，包含以下函数。
- getHeartBeatCmd()：获取测试设备在线心跳指令。
- getStartTakePictureCmd()：获取客户端请求拍照指令。
- getPackagePictureCmd()：获取客户端请求图片分包发送指令。
- getPackageCmd()：获取客户端请求数据包指令。

(2) 结果描述。

在界面输入用户基本信息后，单击"注册"按钮，实现注册功能，获取用户头像信息，并在界面中显示。

(3) 任务 3 业务流程图。

任务 3 业务流程图如图 1.85 所示。

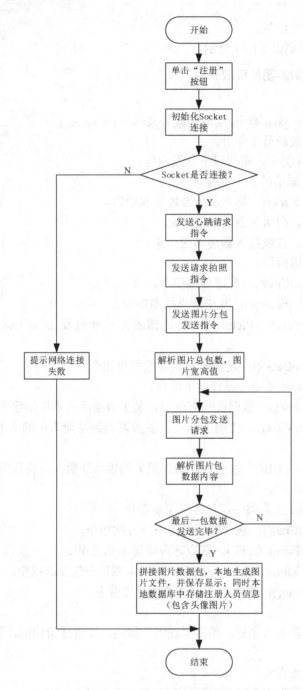

图1.85 任务3业务流程图

1.3.7 任务七 Java 端应用开发

1. 任务1 登录模块开发

(1) 功能描述。

实现类 DoorService 中 doLogin()方法和类 DoorController 中 doLogin()方法，完成登录

新大陆物联网云平台功能。

(2) 结果描述。

用户登录成功后，系统自动跳转至主页面。

(3) 任务 1 业务流程图。

按照任务 1 的功能描述，完成如图 1.86 所示的流程图虚线框中的逻辑开发。任务 1 业务流程图如图 1.86 所示。

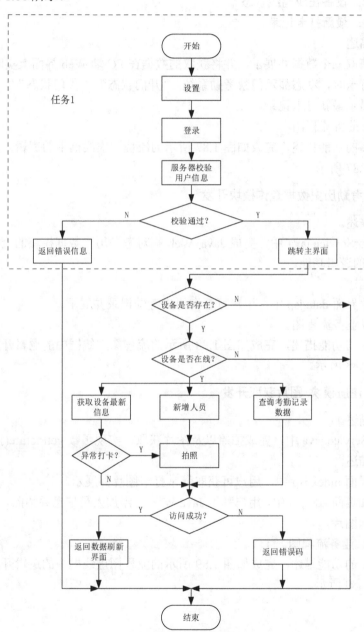

图 1.86　任务 1 业务流程图

2. 任务 2 门禁状态及考勤数据查询模块开发

(1) 功能描述。

在类 DoorService.java 中，getDeviceInfo()函数完成三个数据的获取并展示。获取的三个数据说明如下。

- 数据 1：门禁状态。
- 数据 2：设备在线离线状态。
- 数据 3：最新打卡记录。

(2) 结果描述。

- 实时获取三个数据并展示，并将获取的数据在 PC 端 Web 界面上实时刷新。
- 用户打卡时，动态显示门禁考勤系统 "开门状态" "关门状态"。
- 动态显示最新打卡记录。

(3) 任务 2 业务流程图。

按照任务 2 的功能描述，完成如图 1.87 所示的流程图虚线框中的逻辑开发。任务 2 业务流程图如图 1.87 所示。

3. 任务 3 考勤历史数据查询模块开发

(1) 功能描述。

在界面 DoorService.java 中，完成 Java Web 端对考勤历史数据模块的查询，实现函数 getSensorData()的逻辑功能。

(2) 结果描述。

在历史图片界面 data.jsp 中，用户可查询历史考勤记录并展示。

(3) 任务 3 业务流程图。

按照任务 3 的功能描述，完成如图 1.88 所示的流程图虚线框中的逻辑开发。任务 3 业务流程图如图 1.88 所示。

4. 任务 4 注册模块-图片获取开发

(1) 功能描述。

在类 DoorService.java 中，完成拍照以及图片获取，实现函数 getPicture()的逻辑功能。

(2) 结果描述。

- 在主界面 index.jsp 中，用户可获取异常打卡图片并展示。
- 在添加页面 add.jsp 中，用户基于 Java Web 端添加人员信息并拍照，并返回添加界面展示图片。

(3) 任务 4 业务流程图。

按照任务 4 的功能描述，完成如图 1.89 所示的流程图虚线框中的逻辑开发。任务 4 业务流程图如图 1.89 所示。

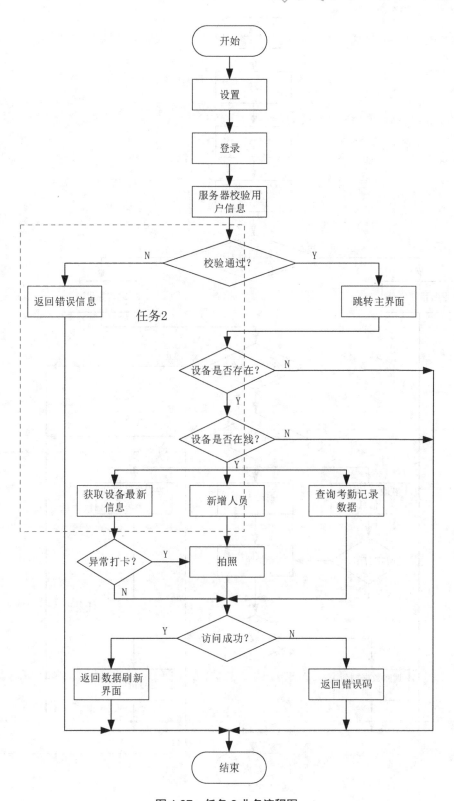

图 1.87 任务 2 业务流程图

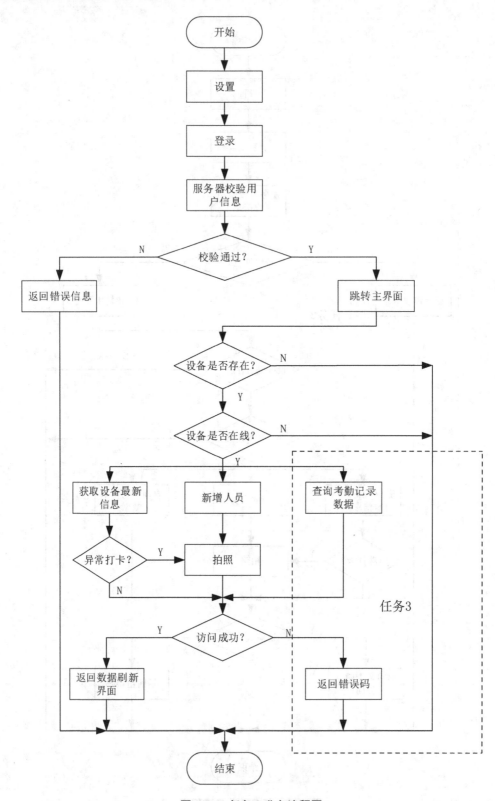

图 1.88 任务 3 业务流程图

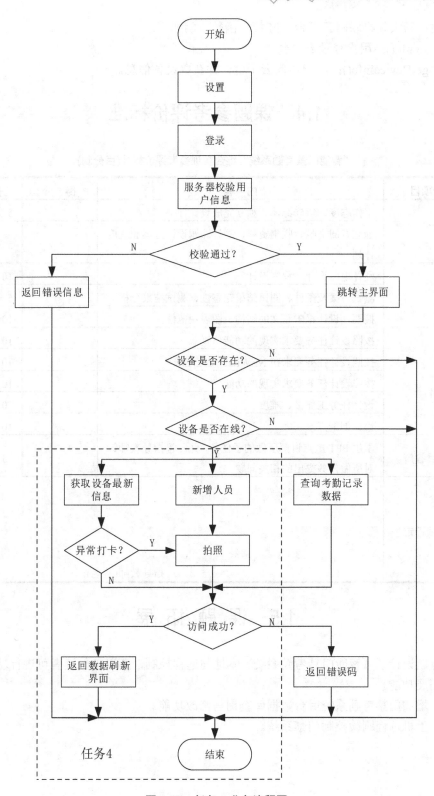

图 1.89　任务 4 业务流程图

备注：新大陆物联网云平台 API 接口函数说明如下。
- signIn()：用户登录云平台。
- getDeviceInfo()：用户访问云平台，并获取设备信息。

1.4 课题参考评价标准

"智能门禁考勤系统"综合实训参考评价标准(百分制)

评价项目	内 容	得 分	备 注
平时表现	工作态度、遵守纪律、独立完成设计任务		5 分
	独立查阅文献、收集资料、制订课题设计方案和进度计划		5 分
设计报告	硬件电路设计、程序设计		10 分
	测试方案及条件、测试结果完整性、测试结果分析		5 分
	摘要、设计报告正文的结构、图表规范性		10 分
仿真与实物制作	按照设计任务要求实现的功能仿真		10 分
	按照设计任务要求在 NEWLab 规范连线		10 分
	按照设计任务要求实现的功能		10 分
	设计任务工作量、难度		10 分
	设计创新点		10 分
实训项目答辩	学生 PPT 重点讲解所做的子任务，并回答指导教师针对所做任务提出的相关问题		15 分
综合成绩评定			

指导教师(签名):

1.5 课题拓展

本课题设计了《智能门禁考勤系统》本地与远程控制，感兴趣的读者可进行功能拓展，并实现拓展功能。

(1) 增加门禁考勤系统后台数据库查询与修改功能。
(2) 手机远程刷脸控制门禁系统。

1.6 课题资源包

为方便读者及时查阅与课题相关的参考资料,本书提供了该课题资源包。读者在实战演练课题时,可根据资源包索引查阅相关资料。课题资源包内容索引如图 1.90 所示。

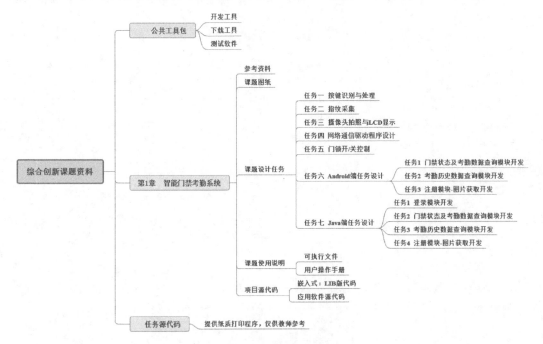

图 1.90 课题资源包内容索引

(扫一扫,获取精美课件、课题图纸及参考资料)

第 2 章 远程语音记录仪

【课题概要】语音信号是人们相互传递信息的最基本手段,具有直观、信息量大等优点。将语音信号采集并存储,而且按照人们的想法控制和播放,一直是人们的重点研究领域之一。

随着科学的进步和技术的不断提高,人们早已不满足于单纯地将语音采集和存储。人们越来越重视语音信号高清晰度和低失真度。传统的模拟磁性录音机录制语音,容易出现录音噪声,不适用于多次录放与广泛传播,这在一定程度上限制了语音信号应用领域的发展。采用现代数字技术对语音信号进行采集,并将模拟信号转化成数字信号,极大地方便了语音信号的存储和复制,且通过处理芯片能过滤掉语音信号中的噪声分量,使语音信号更加纯净。语音数据记录仪目前已经受到普遍关注,并在各行各业逐步推广使用。语音数据记录仪可广泛应用于航海、航空、电力、化工、银行、公交、执法等任何需要对关键语音进行保存记录的领域。

远程语音记录仪作为嵌入式开发的典型案例,因其专业知识浓缩度高、应用面广泛,越来越受到高校实践教学的重视。语音记录仪作为教学载体,能满足高校实践教学的需求,在高校实践教学中发挥着重要的作用。语音记录仪课题定位于本科院校以及高等职业院校的教学、综合实验、创新科研、课程设计、创客教育、竞赛培训、综合技能培训等领域,配合 NEWLab 基础教学设备,形成课堂内外有益的补充。本课题主要涉及嵌入式系统开发、Wi-Fi 通信技术、云服务器数据实时传输、手机 App 及 PC 软件开发等专业知识点。

【课题难度】★★★★

2.1 课题描述

远程语音记录仪是一种具备远距离语音数据传输、记录及播放功能的物联网应用设备，主要应用于取证、音频录制、智能家居等领域。学校可根据不同的专业特点和实际教学情况，选择不同的硬件配置进行实战演练。

本课题项目主要考查学生对物联网三层架构的实践应用能力。通过硬件接口电路设计与应用软件开发，实现具有物联网三层架构的小型物联网应用设备的功能。

语音记录仪实现的主要功能描述如下。

(1) 音频-SD 卡模块实现对 SD 卡存储音频信息的播放。

(2) 音频-SD 卡模块实现对本地麦克风信息的数据收集，并转换成标准语音(.wav)格式。

(3) M3 核心模块作为主控模块，通过 SPI 总线实现与音频-SD 卡模块数据交互。

(4) 系统采用 Wi-Fi 通信模块，实现语音数据无线传输。

(5) 语音记录仪配备 LCD 屏可显示本地存储的语音状态，并通过按键选择已录制语音信息的播放。

(6) 应用软件端(手机/PC)具有在线录音功能。录音时间限制在 5s 以内。

(7) 应用软件端能够查询记录仪中 SD 卡里存储的数据信息，并以表列的方式罗列在屏幕上。

(8) 应用软件端(手机/PC)能够远程控制语音记录仪中音频播放。

(9) 应用软件端录音信息传输到记录仪的 SD 卡中有两种模式：一种是通过无线通信 Wi-Fi 在线传输(考虑到 Wi-Fi 速率限制，只要求能实时传输一段语音即可)；另一种是通过 PC 端中转，复制/拷贝至 SD 卡中。

(10) 可通过应用软件端远程删除录制音频文件，同时也可以通过本地按键删除录制的音频文件。

2.2 课题分析

2.2.1 远程语音记录仪硬件设计方案

1. 远程语音记录仪硬件方案设计

语音记录仪采用嵌入式微处理器 M3 作为主控芯片，系统主要包括键盘模块、LCD 显示屏模块、音频-SD 卡模块、有源音箱模块、Wi-Fi 通信模块、手机应用端、PC 应用端等。语音记录仪硬件结构框图如图 2.1 所示。

2. 语音记录仪硬件拓扑结构图

语音记录仪硬件结构拓扑图如图 2.2 所示。

3. 语音记录仪接线示意图

(1) 语音记录仪 M3 模块与音频-SD 卡连接示意图如图 2.3 所示。

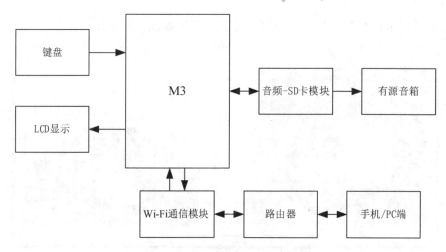

图 2.1 语音记录仪硬件结构框图

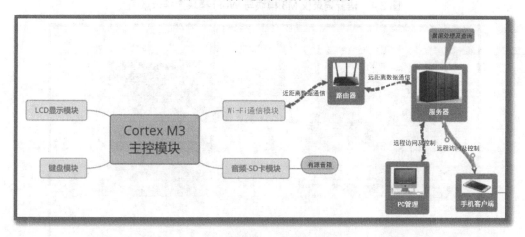

图 2.2 语音记录仪硬件结构拓扑图

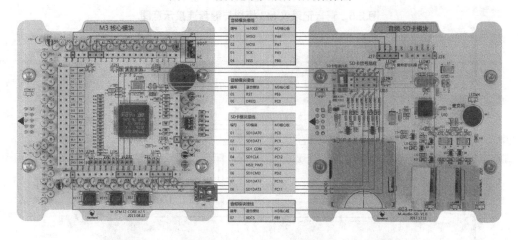

图 2.3 语音记录仪 M3 模块与音频-SD 卡连接示意图

(2) 语音记录仪 M3 模块与 Wi-Fi 模块连接示意图如图 2.4 所示。

(3) 语音记录仪 M3 模块与键盘连接示意图如图 2.5 所示。

(4) 语音记录仪 M3 模块与 LCD 模块连接示意图如图 2.6 所示。

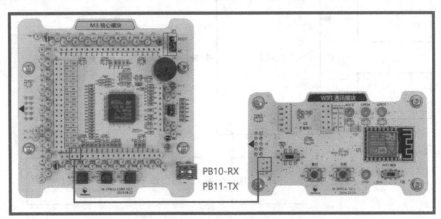

图 2.4 语音记录仪 M3 模块与 Wi-Fi 模块连接示意图

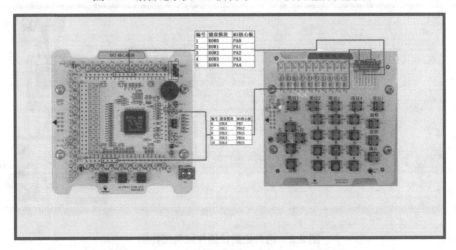

图 2.5 语音记录仪 M3 模块与键盘连接示意图

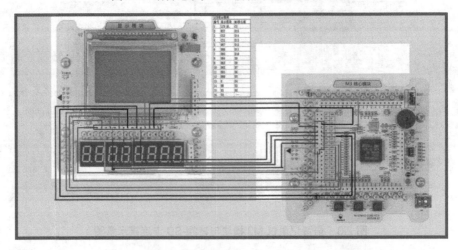

图 2.6 语音记录仪 M3 模块与 LCD 模块连接示意图

4. 语音记录仪与 M3 引脚连接说明

矩阵键盘模块、LCD 显示屏模块、音频-SD 卡模块、Wi-Fi 模块等与 M3 引脚连接定义详细说明如表 2.1~表 2-4 所示。

表 2.1 矩阵键盘与 M3 连接说明

编 号	键盘模块	M3 核心板
1	ROW0	PA0
2	ROW1	PA1
3	ROW2	PA2
4	ROW3	PA3
5	ROW4	PA4
6	COL0	PB7
7	COL1	PB12
8	COL2	PB13
9	COL3	PB14
10	COL4	PB15

表 2.2 LCD 显示屏模块与 M3 连接说明

LCD12864 引脚名称	M3 引脚名称	备 注
LCD_BL	PD7	液晶背景光控制,低电平有效
RST	PD10	液晶屏复位信号
CS2	PD9	液晶屏片选信号 1
CS1	PD8	液晶屏片选信号 2
DB7	PE15	液晶屏数据线
DB6	PE14	液晶屏数据线
DB5	PE13	液晶屏数据线
DB4	PE12	液晶屏数据线
DB3	PE11	液晶屏数据线
DB2	PE10	液晶屏数据线
DB1	PE9	液晶屏数据线
DB0	PE8	液晶屏数据线
EN	PE7	液晶屏使能信号
RW	PD1	液晶屏读写信号
RS	PD0	液晶屏寄存器选择
VDD	—	液晶屏电源(+3.3V)

表 2.3 音频-SD 卡模块与 M3 连接说明

音频-SD 卡模块	M3 核心板
MISO	PA6
MOSI	PA7

续表

音频-SD 卡模块	M3 核心板
SCK	PA5
NSS	PB0
RST	PE6
DREQ	PC0
XDCS	PB1
SD1DAT0	PC8
SD1DAT1	PC9
SD1_CDN	PC7
SD1CLK	PC12
NSD_PWD	PD3
SD1CMD	PD2
SD1DAT2	PC10
SD1DAT3	PC11

表 2.4　Wi-Fi 通信模块与 M3 连接说明

Wi-Fi 通信模块接线端	M3 核心板引脚
TX	PB11
RX	PB10

2.2.2　远程语音记录仪软件设计方案

1. 远程语音记录仪实现的功能

(1) 嵌入式端实现功能。

系统初始化后，先连接路由器，然后进入主体任务。主体任务具体说明如下：

- 网络通信进程。网络建立连接后，判断串口是否接收完数据。若接收完数据，则对数据进行解析，并执行相应任务。系统每隔 3s 左右向服务器发送系统当前连接状态信息。
- LCD 显示进程。根据任务和数据刷新本地存储的语音信息。
- 按键扫描进程。对按键扫描，并按照键值执行相应的任务。
- 语音播放进程。通过 Wi-Fi 通信模块，将语音信息在线传输至记录仪的 SD 卡中，并播放音频信息。

(2) 手机端实现功能。

作为 Android 应用端，提供基本信息配置，同时获取远程传感器状态信息，并控制远程执行器。手机 App 实现主要功能如下：

- Android 应用端能实现语音录制功能。通过按键实现语音录制，并控制时间滚动条(时间递减)，每段录音限制在 5s 以内。当时间滚动条递减为零时，系统自动停止录音，并录制语音，生成语音文件，保存并传送。

- Android 应用端能实现远程控制功能，通过 Wi-Fi 无线通信模块，可远程查询存储在语音记录仪里面的语音段信息，同时可选择所录制的语音信息，通过音频-SD卡模块播放语音。
- Android 应用端能实现远程语音文件查询功能。可把存储在记录仪里面的音频信息在手机 App 界面上显示。

(3) PC 端实现功能。

参照手机端实现的功能点。

2. 远程语音记录仪程序流程图

(1) 远程语音记录仪整体架构。

远程语音记录仪整体架构可分为三层。

- 应用层：作为应用端(手机/PC)，能实现语音录制、语音发送、远程语音获取、远程语音播放以及远程语音删除等功能。
- 通信层：应用端通过 Wi-Fi 层，将语音发送至硬件层，从而实现双方的通信交互。
- 硬件层：实现播放语音、远程发送语音列表、控制语音播放以及删除语音文件等功能。

(2) 应用层架构。

应用层零层架构图如图 2.7 所示。

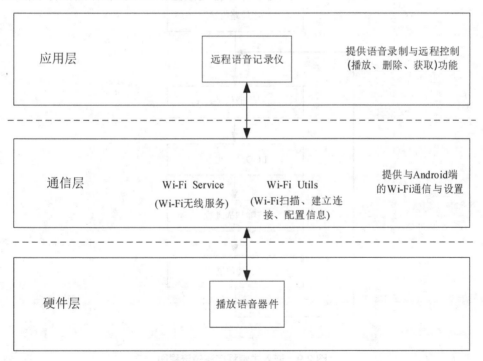

图 2.7 应用层零层架构

应用层一层架构图如图 2.8 所示。

(3) 语音记录仪程序逻辑流程图。

嵌入式端程序逻辑流程图如图 2.9 所示。

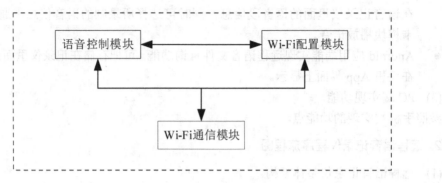

图 2.8　应用层一层架构图

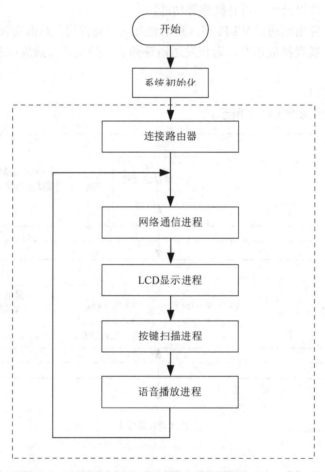

图 2.9　嵌入式端程序逻辑流程图

手机 Android 端业务流程图如图 2.10 所示。

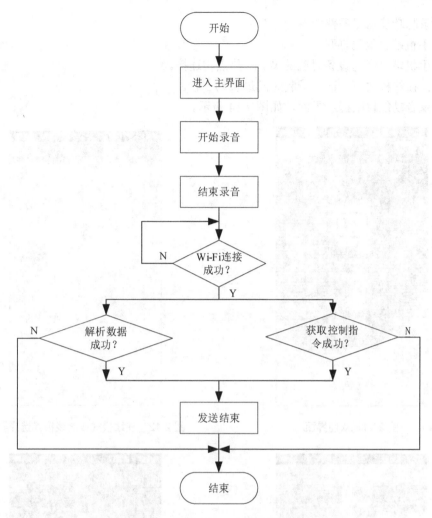

图 2.10　手机 Android 端业务流程图

PC 端业务流程图参考手机端业务流程图。

3. 语音记录仪手机 App 界面设计

- 手机 App 安装成功后，用户可直接点击应用图标运行该应用。
- 用户点击应用图标后，进入"欢迎界面"。欢迎界面如图 2.11 所示。
- 进入欢迎界面后，进入选择界面。在该界面，用户可选择"在线模式"或"离线模式"操作。在线模式或离线模式选择界面如图 2.12 所示。

(1) 在线模式界面。

① 本地资源操作。

选择界面进入在线模式时，系统默认处于本地资源状态。因需要获取手机的录音权限以及文件权限，故手机端会出现提示用户打开录音功能的弹框，录制结束后就可远程发送语音。录音界面如图 2.13 所示。

语音录制功能前提条件如下。
- 手机端权限已打开。
- 手机端已经与设备对应的 Wi-Fi 热点相连接。

备注：在线模式下，语音录制时间最长为 5 秒。

打开录音功能权限提示界面，如图 2.14 所示。

图 2.11　欢迎界面

图 2.12　在线模式或离线模式选择界面

图 2.13　录音界面

图 2.14　打开录音功能权限提示界面

发送语音界面如图 2.15 所示。

② 远程资源操作。

在线模式中点击切换按钮，可实现本地资源与远程资源之间的状态切换。在远程资源中，首先向硬件端请求远程语音列表，获取列表之后，可进行语音远程播放和远程删除的操作。获取远程数据界面如图 2.16 所示。

图 2.15　发送语音界面

图 2.16　获取远程数据界面

远程播放语音界面如图 2.17 所示。
远程删除语音界面如图 2.18 所示。

图 2.17　远程播放语音界面

图 2.18　远程删除语音界面

发送远程删除指令界面 2.19 所示。
(2) 离线模式界面。
选择页面进入离线模式。在离线模式中，只进行语音的录制。离线模式与在线模式录制语音的区别在于，此处可以进行长时间的语音录制，同时可删除所录制的语音。离线模式语音录制界面如图 2.20 所示。

图 2.19　发送远程删除指令界面

图 2.20　离线模式语音录制界面

离线录制语音完成界面如图 2.21 所示。

离线删除语音界面如图 2.22 所示。

图 2.21　离线录制语音完成界面

图 2.22　离线删除语音界面

(3) 设置界面。

点击主界面设置图标按钮 ，进入设置界面，也可进入关于界面，查看公司的说明信息。

设置界面如图 2.23 所示。

关于界面如图 2.24 所示。

图 2.23 设置界面　　　　　图 2.24 关于界面

备注：测试时，选择连接硬件设备所连接的 Wi-Fi 热点，确保两者处于同一个网段。

4. 语音记录仪 PC 端界面设计

（1）在浏览器上输入地址 http://127.0.0.1:8080/RemoteVoiceRecorder，进入在线模式界面，如图 2.25 所示。

图 2.25 在线模式界面

在"本地数据"状态，单击"编辑"按钮后，可编辑新语音。本地编辑新录音界面如图 2.26 所示。

在"本地数据"状态，单击"删除"按钮后，进行本地删除新录音操作。本地删除新录音操作界面如图 2.27 所示。

单击"远程数据"按钮后，进入远程操作界面。远程操作界面如图 2.28 所示。

图 2.26 本地编辑新录音界面

图 2.27 本地删除新录音操作界面

图 2.28 远程操作界面

在"远程数据"状态，单击"编辑"按钮后，进入远程编辑新录音界面。远程编辑新录音界面如图 2.29 所示。

图 2.29　远程编辑新录音界面

在"远程数据"状态，单击"删除"按钮后，可进行远程删除新录音操作。远程删除新录音操作界面如图 2.30 所示。

图 2.30　远程删除新录音操作界面

(2) 单击"离线模式"按钮，进入离线模式界面，如图 2.31 所示。

图 2.31　离线模式界面

单击"编辑"按钮后，进入离线编辑新录音操作界面，如图 2.32 所示。

图 2.32　离线编辑新录音操作界面

单击"删除"按钮后，进入离线删除新录音操作界面，如图 2.33 所示。

图 2.33　离线删除新录音操作界面

(3) 鼠标指针移至头像位置，单击"设置"按钮后，弹出设置界面，如图 2.34 所示。

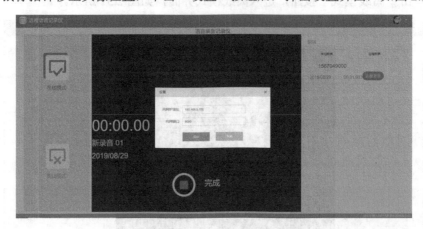

图 2.34　设置界面

备注：在设置界面，根据实际情况配置内网 IP 地址与内网端口。

(4) 鼠标指针移动到头像按钮，单击"关于我们"按钮后，进入关于我们界面，如图 2.35 所示。

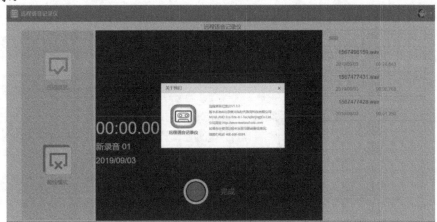

图 2.35　关于我们界面

5. 语音记录仪网络连接配置说明

(1) Wi-Fi 配置说明。

打开 stm32 源码工程中 CloudReference.h 文件，修改 Wi-Fi 热点名称、Wi-Fi 密码。Wi-Fi 程序配置如图 2.36 所示。

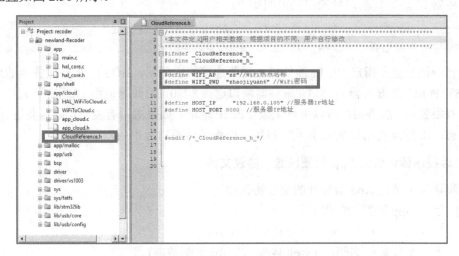

图 2.36　Wi-Fi 程序配置

热点名称和密码宏定义如下：

```
#define WIFI_AP      "ZZ"       //Wi-Fi 热点名称
#define WIFI_PWD"zhaojiyuan6"   //Wi-Fi 密码
```

解释：该宏定义指定 Wi-Fi 通信模块连接到热点的名称为"ZZ"，密码为"zhaojiyuan6"。
例如：假设某学校实验室的无线路由器 Wi-Fi 名称为"NewlandEdu"，Wi-Fi 密码为"12345678"，语音记录仪系统要连接到该 Wi-Fi，那么上述宏定义必须修改如下：

```
#define WIFI_AP      "NewlandEdu"//Wi-Fi 名称
#define WIFI_PWD     "12345678"  //Wi-Fi 密码
```

备注：Wi-Fi 名称和密码一定要用英文双引号""包装起来，否则软件会出错。

(2) 服务端地址设置及端口设置。

打开 stm32 源码工程中 CloudReference.h 文件，设置 Wi-Fi 服务端 IP 地址、端口号。设置端口与 IP 地址界面如图 2.37 所示。

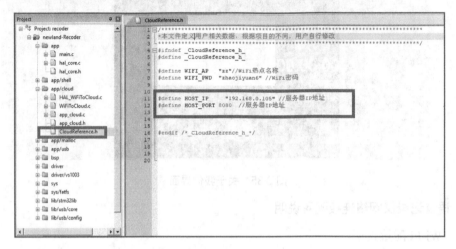

图 2.37 设置端口与 IP 地址界面

服务器 IP 地址和端口号宏定义说明如下：

```
#define HOST_IP      "192.168.0.105" //服务器 IP 地址
#define HOST_PORT    8080            //服务器端口号
```

解释：该宏定义指定 Wi-Fi 通信模块需要连接的服务器。HOST_IP 是服务器的地址，而 HOST_PORT 是服务器的端口。服务器端口选择 8080，因课题使用 "北京新大陆时代教育科技有限公司" 服务器，所以用户无须修改 IP 地址。如果端口有变更，则需要进行修改。特别注意：IP 地址要用英文双引号" "包装，但服务器端口号不用双引号包装。

6. 远程语音记录仪 App 与硬件通信协议文档

远程语音记录仪 App 与硬件的交互协议如下。

(1) 手机 App 端发送的报文。

- 发送文件名称：Creat，1524456840.wav。
- 发送文件数据头部：[byte](44 字节的 16 进制数据)。
- 发送文件数据：[byte](1024 个字节的 16 进制数据)。
- 发送文件数据结束命令：$FileoverOK##。
- 发送获取列表：LIST。
- 发送远程语音播放：Play,1524456840.wav。
- 发送语音删除：Delete,1524456840.wav。

说明：手机 App 端发送的命令需要转换为字节。

(2) 硬件返回的应答。

硬件端发送的是字节数据，需转为字符串提取应答中的数据。

- 发送文件名称应答：$CreatOK##。
- 发送文件数据头部应答：$FileHeadOK##。
- 发送文件数据应答：$FiledataOK##。
- 发送文件数据结束命令应答：$ FileoverOK ##。
- 发送获取列表应答：

```
$ ListOK ##
0:/wavfile/1524456840.wav
0:/wavfile/1524456840.wav
0:/wavfile/1524456840.wav
```

- 发送远程语音播放应答：$PlayOK##。
- 发送语音删除应答：

```
$DeletOK##
0:/wavfile/1524456840.wav
0:/wavfile/1524456840.wav
```

2.2.3 远程语音记录仪任务拆分及计划学时安排

由于远程语音记录仪涉及的知识点较多，增加了课题设计的复杂程度。因此要结合系统实现的功能对设计任务进行拆分。该控制系统可拆分成若干个功能模块，如键盘状态切换模块、SD-音频播放语音模块、LCD 参数显示模块、Wi-Fi 通信接口模块、手机应用软件设计及 PC 应用软件设计等。建议对每个模块进行单独调试，待各个模块功能实现之后，再根据总的工作流程把各个模块连接起来，并结合相应的逻辑时序最终实现语音记录功能。

为保证学生按时完成课题设计任务，达到实战演练目的，指导教师可根据课题总体设计任务，按系统功能将设计任务拆分成多个子任务。指导教师可根据学生专业特点分配设计子任务。语音记录仪任务拆分及子任务计划学时安排如表 2.5 所示。

表 2.5 远程语音记录仪任务拆分及计划学时安排

项目编号	项目名称		建议计划学时
任务一	键盘识别		6 学时
任务二	音频-SD 卡语音采集与播放		6 学时
任务三	LCD 参数显示		6 学时
任务四	Wi-Fi 通信接口与驱动程序设计		10 学时
任务五	Android 端应用开发	任务 1 Socket 模块开发	20 学时
		任务 2 远程文件操作模块开发	
		任务 3 文件操作模块开发(播放、删除)	
任务六	Java 端应用开发	任务 1 语音录制模块开发	20 学时
		任务 2 本地音频文件发送	
		任务 3 远程文件操作(获取、播放、删除)	

2.3 课题仪任务设计

2.3.1 任务一 键盘识别

功能描述：通过按键识别与处理，实现音频播放文件切换、音量设置与所选音频文件播放功能。

1. 键盘与 M3 接口硬件电路设计

键盘采用矩阵式键盘，其硬件接口电路如图 2.38 所示。

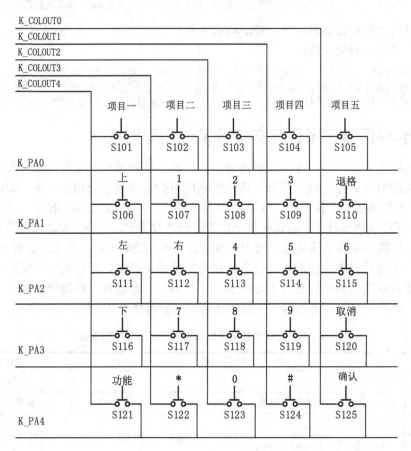

图 2.38 键盘与 M3 接口硬件电路

语音记录仪键盘与 M3 接口电路如图 2.39 所示。

其中按键定义说明如下：

(1) "上"键(S106)、"下"键(S116)切换音频播放文件选择光标。

(2) "左"键(S111)、"右"键(S112)设置音量，音量设置范围为 0~9，系统默认音量初始值为 6。

(3) "功能"键(S121)为播放键。选择播放文件后，按下"功能"键即可播放选中的音频文件。

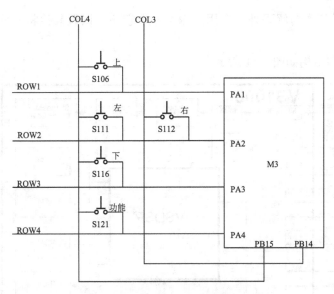

图 2.39 语音记录仪键盘与 M3 接口电路

2. 键盘识别软件设计

键盘识别软件设计思路如下。

(1) 配置 M3 内部 GPIO 口 PA4、PA3、PA2、PA1 引脚，并将其设置为上拉输出模式；将 M3 内部引脚 PB15、PB14 设置为上拉输入模式。

(2) 键盘识别程序流程图如图 2.40 所示。

2.3.2 任务二 音频-SD 卡语音采集与播放

功能描述：首先使用读卡器，在SD卡中创建一个名称为wavfile的文件夹，这是存放录音文件的路径，并将待播放的音频文件保存在wavfile文件夹内。播放前将语音数据存放到STM32缓冲区，缓冲区的大小设置为512字节，一次读一个扇区，然后将数据发往VS1003音频采集与播放模块，从而实现播放录制语音的功能。

1. 音频-SD 卡语音采集与播放硬件设计

(1) VS1003-MP3/WMA 音频解码器概述。

VS1003 是一个单片 MP3/WMA/MIDI 音频解码器和 ADPCM 编码器。它包含一个高性能、拥有自主产权的低功耗 DSP 处理器核 VS_DSP4。工作数据存储器为用户应用提

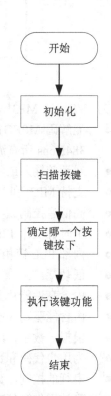

图 2.40 键盘识别程序流程图

供 5KB 的指令 RAM 和 0.5KB 的数据 RAM。VS1003 芯片有几个常规用途的 I/O 口：一个 UART，一个高品质可变采样率的 ADC 和立体声 DAC，一个耳机放大器和地线缓冲器。

VS1003 通过串行接口接收输入的比特流，它可作为一个系统的从机。输入的比特流被解码，然后通过一个数字音量控制器到达一个 18 位过采样多位 ε-ΔDAC。通过串行总线控

制解码器，除了基本的解码外，在用户 RAM 中它还可以做其他特殊应用，例如 DSP 音效处理。

VS1003 内部结构如图 2.41 所示。

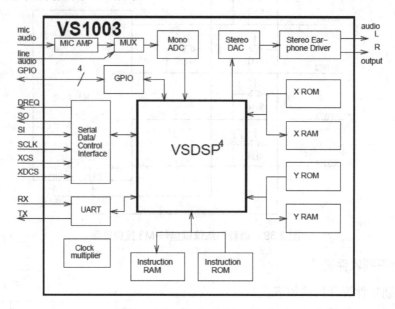

图 2.41 VS1003 内部结构

(2) VS1003-MP3/WMA 音频解码器特性。
- 能解码 MPEG1 和 MPEG2 音频层 III(CBR+VBR+ABR)，WMA 4.0/4.1/7/8/9 5～384Kbps 所有流文件，WAV(PCM+IMAAD−PCM)；产生 MIDI/SP-MIDI 文件。
- 对话筒输入或线路输入的音频信号进行 IMAADPCM 编码。
- 支持 MP3 和 WAV 流。
- 高低音控制。
- 单时钟操作 12MHz～13MHz。
- 内部 PLL 锁相环时钟倍频器。
- 低功耗。
- 内含高性能片上立体声数模转换器，两声道间无相位差。
- 内含能驱动 30Ω 负载的耳机驱动器。
- 模拟，数字，I/O 单独供电。
- 为用户代码和数据准备的 5.5KB 片上 RAM。
- 串行的控制，数据接口。
- 可被用作微处理器的从机。
- 特殊应用的 SPI Flash 引导。
- 供调试用途的 UART 接口。
- 新功能可以通过软件和 4 GPIO 添加。

(3) VS1003-MP3/WMA 音频解码器引脚。

VS1003-MP3/WMA 音频解码器引脚功能如表 2.6 所示。

表 2.6 VS1003-MP3/WMA 音频解码器引脚功能

LQFP-48 封装序号	引脚名称	引脚功能
1	MICP	同相差分话筒输入，自偏压
2	MICN	反相差分话筒输入，自偏压
3	XRESET	低电平有效，异步复位端
4	DGND0	处理器核与 I/O 地
5	CVDD0	处理器核电源
6	IOVDD0	I/O 电源
7	CVDD1	处理器核电源
8	DREQ	数据请求，输入总线
9	GPIO2/DCLK1	通用 I/O2
10	GPIO3/SDATA1	通用 I/O3
13	XDCS/BSYNC1	数据片选端/字节同步
14	IOVDD1	I/O 电源
15	VCO	时钟压控振荡器 VCO 输出
16	DGND1	处理器核与 I/O 地
17	XTALO	晶振输出
18	XTALI	晶振输入
19	IOVDD2	I/O 电源
20	DGND2	处理器核与 I/O 地
21	DGND3	处理器核与 I/O 地
22	DGND4	处理器核与 I/O 地
23	XCS	片选输入，低电平有效
24	CVDD2	处理器核电源
26	RX	UART 接收口，不用时接 IOVDD
27	TX	UART 发送口
28	SCLK	串行总线的时钟
29	SI	串行输入
30	SO	串行输出
31	CVDD3	处理器核电源
32	TEST	保留做测试，连接至 IOVDD
33	GPIO0/SPIBOOT	通用 I/O0
34	GPIO1	通用 I/O1
37	AGND0	模拟地，低噪声参考地
38	AVDD0	模拟电源

续表

LQFP-48 封装序号	引脚名称	引脚功能
39	RIGHT	右声道输出
40	AGND1	模拟地
41	AGND2	模拟地
42	GBUF	公共地缓冲器
43	AVDD1	模拟电源
44	RCAP	基准滤波电容
45	AVDD2	模拟电源
46	LEFT	左声道输出
47	AGND3	模拟地
48	LINE IN	线路输入

(4) SD 卡特性。

◎容量：32MB/64MB/128MB/256MB/512MB/1GB。

◎兼容规范版本 1.01。

◎卡上错误校正。

◎支持 CPRM。

◎两个可选的通信协议：SD 模式和 SPI 模式。

◎可变时钟频率 0～25MHz。

◎通信电压范围：2.0～3.6V；工作电压范围：2.0～3.6V。

◎低电压消耗：自动断电及自动睡醒，智能电源管理。

◎无须额外编程电压。

◎卡片带电插拔保护。

◎正向兼容 MMC 卡。

◎高速串行接口带随机存取。

——支持双通道闪存交叉存取。

——快写技术：一个低成本的方案，能够超高速闪存访问和高可靠数据存储。

——最大读写速率：10MB/s。

◎最大 10 个堆叠的卡(20MHz, Vcc=2.7～3.6V)。

◎数据寿命：10 万次编程/擦除。

◎CE 和 FCC 认证。

◎PIP 封装技术。

◎尺寸：24mm(宽)×32mm(长)×1.44mm(厚)。

(5) SD 卡说明。

SD 卡高度集成闪存，具备串行和随机存取能力。可以通过专用优化速度的串行接口访问，数据传输可靠。通过外部接口允许几个卡垛叠。接口完全符合最新的消费者标准，称为 SD 卡系统标准，并由 SD 卡系统规范定义。SD 卡系统是一个新的大容量存储系统。它的出现，为用户提供了一个廉价、结实的卡片式存储媒介，常应用于消费多媒体领域。SD 卡可以满足移动电话、电池应用，比如音乐播放器、个人管理器、掌上电脑、电子书、电子百科全书与电子词典等。

(6) SD 卡工作方式。

SD 卡的接口可以支持以下两种操作模式。

- SD 总线模式。
- SPI 总线模式。

主机系统可以选择以上任意一种总线模式。SD 模式允许 4 线高速数据传输。SPI 模式允许简单通用的 SPI 通道接口，这种模式相对于 SD 模式的不足之处是存储速度较慢。

说明 SD 卡可以通过单数据线(DAT0)或四根数据线(DAT0~DAT3)进行数据传输。单根数据线传输最大传输速率为 25 Mbit/s，四根数据线最大传输速率为 100 Mbit/s。本课题为提高 SD 卡存储速度，采用 SD 总线四根线数据传输。

SD 总线模式引脚定义如表 2.7 所示。

表 2.7 SD 总线模式引脚定义

引脚序号	名　称	功能描述
1	DAT3	数据 3
2	CMD	命令
3	VSS	地
4	VCC	供电电压
5	CLK	时钟
6	CSS2	地
7	DAT0	数据 0
8	DAT1	数据 1
9	DAT2	数据 2

(7) SD 卡的总线概念。

SD 总线允许强大的 1 线到 4 线数据信号设置。当通电后，SD 卡默认使用 DAT0。初始化之后，主机可以改变线宽。混合的 SD 卡连接方式也适合于主机。在混合连接中 Vcc、Vss 和 CLK 的信号连接可以通用。但是，命令/回复与数据(DAT0~DAT3)这几根线，各个 SD 卡必须与主机分开。这个特性使得硬件和系统交替使用。SD 总线通信命令和数据比特流从一个起始位开始，以停止位终止。

- CLK：每个时钟周期传输一个命令或数据位。频率可在 0~25MHz 变化。SD 卡的总线管理器可以不受任何限制地自由产生 0~25MHz 的频率。
- CMD：命令从该 CMD 线上串行传输，一个命令是一次主机到从卡操作的开始。命令可以单机寻址(寻址命令)或呼叫所有卡(广播命令)方式发送。回复从该 CMD 线上串行传输，一个命令是对之前命令的回答。回复可以来自单机或所有卡。
- DAT0~DAT3：数据可以从卡传向主机或从主机至卡双向传输。数据通过数据线传输。

(8) 音频-SD 卡与 M3 接口电路

音频-SD 卡与 M3 接口电路如图 2.42 所示。

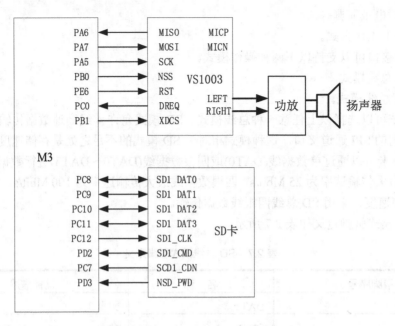

图 2.42 音频-SD 卡与 M3 接口电路

(9) SD 卡预操作说明。

对 SD 卡操作时,首先使用读卡器在 SD 卡中创建一名称为"wavfile"的文件夹,这是存放录音文件的路径。待播放的音频文件均保存在"wavfile"文件夹内。

2. 音频-SD 卡语音采集与播放软件设计

(1) VS1003 初始化程序设计。

VS1003 共有十六个 16 位的寄存器,地址分别为 0x0～0xF。除了模式寄存器(MODE,0x0)和状态寄存器(STATUS,0x1)在复位后的初值分别 0x800 和 0x3C 外,其余的寄存器在 VS1003 初始化后的值均为 0。

初始化 SPI 所有对 VS1003 的操作通过 SPI 总线来完成。在默认情况下,数据位将在 SCLK 的上升沿有效(被读入 VS1003)。因此需要在 SCLK 的下降沿更新数据,并且字节发送时以 MSB 在先。VS1003 的 SPI 总线输入时钟最大值为 CLKI/6 MHz,其中 CLKI(内部时钟)=XTALI×倍频值,通过 SPI 总线对 VS1003 进行初始化设置。

初始化的一般流程如下。

- 硬复位:xReset = 0。
- 延时:xDCS、xCS、xReset 置 1。
- 等待 DREQ 为高。
- 软件复位:SPI_MODE = 0x0804。
- 等待 DREQ 为高(软件复位结束)。
- 设置 VS1003 的时钟:SCI_CLOCKF = 0x9800,3 倍频。
- 设置 VS1003 的采样率:SPI_AUDATA = 0xBB81,采样率 48k,立体声。
- 设置重音:SPI_BASS = 0x0055。
- 设置音量:SCI_VOL = 0x2020。

- 向 vs1003 发送 4 个字节无效数据，用以启动 SPI 发送。

VS1003 初始化程序流程图如图 2.43 所示。

(2) VS1003 播放程序设计。

播放前，将对方传来的语音数据存放到 STM32 的缓冲区中。缓冲区的大小设置为 512 字节，一般一次读一个扇区，然后将数据发至 VS1003。由于 VS1003B 有 32 个字节的数据缓冲区，因此一次可以发送 32 个字节的数据，然后检测 DREQ。当 DREQ 为高时，发送下一个 32 字节数据，直到发完为止。DREQ 为高，表明 VS1003 可以接收新的数据，如果不考虑 DREQ 状态，而连续给 VS1003B 发送音频数据，将会出现声音断断续续的情况。

VS1003 播放程序流程图如图 2.44 所示。

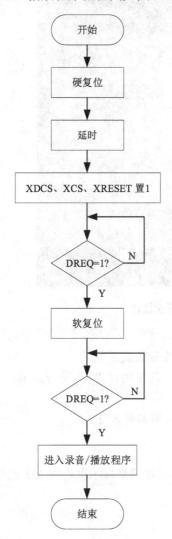

图 2.43　VS1003 初始化程序流程图

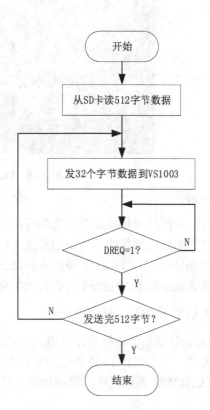

图 2.44　VS1003 播放程序流程图

2.3.3 任务三 LCD 参数显示

功能描述：采用 LCD 液晶显示屏(CH12864)显示当前文件序号、录音文件总数量、当前播放文件名称、音量大小调节数值等相关内容。

1. LCD 参数显示硬件设计

采用 LCD 液晶显示屏(CH12864)显示当前文件序号、录音文件总数量、当前播放文件文件名称、音量大小调节数值等内容。LCD 液晶显示屏界面设计如图 2.45 所示。

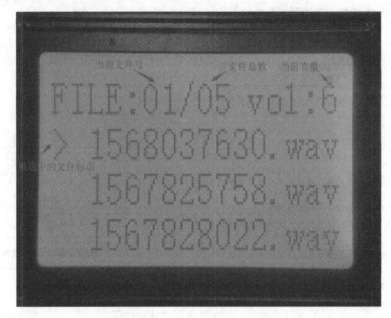

图 2.45 LCD 液晶显示屏界面设计

说明：
(1) 页面第一行显示当前文件号、文件总数及播放音量值。
(2) 第二行到第四行显示当前被选中的音频文件，其左侧有">"符号提示。
液晶显示屏 LCD12864 驱动电路如图 2.46 所示。
液晶显示屏 LCD12864 引脚与 M3 引脚连接定义说明参见表 2.2。

2. LCD 参数显示软件设计

LCD 参数显示软件设计思路为：初始化时，首先应对液晶显示屏连接 M3 的相关引脚进行配置，然后设计 LCD 参数显示函数。
LCD12864 显示程序流程图如图 2.47 所示。

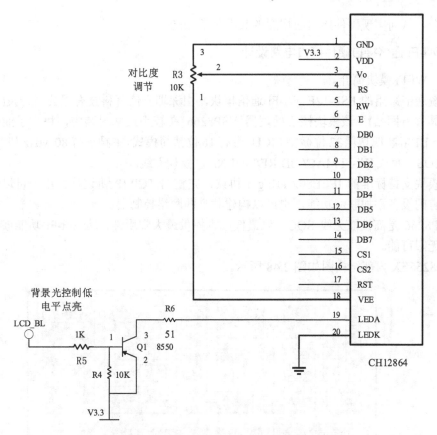

图 2.46 液晶显示屏 LCD12864 驱动电路

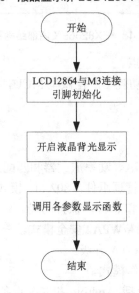

图 2.47 LCD12864 显示程序流程图

2.3.4 任务四 Wi-Fi 通信接口与驱动程序设计

功能描述：系统对 Wi-Fi 通信模块 ESP8266 参数及工作模式进行配置，通过 Wi-Fi 连接云平台，从而实现硬件层与应用层的数据传输功能。

1. Wi-Fi 通信接口硬件接口电路设计

(1) Wi-Fi 模块简介。

系统通信采用的 ESP-12F Wi-Fi 通信模块，由深圳安信可科技有限公司开发(详细资料可查阅其官方网站)。该模块核心处理器 ESP8266 在较小尺寸封装中，集成了业界领先的 Tensilica L106 超低功耗 32 位微型 MCU，带有 16 位精简模式。主频支持 80 MHz 和 160 MHz，支持 RTOS，集成 Wi-Fi MAC/ BB/RF/PA/LNA，板载天线。

该模块支持标准的 IEEE802.11b/g/n 协议，完整的 TCP/IP 协议栈。用户可以使用该模块为现有的设备添加联网功能，也可以构建独立的网络控制器。

ESP8266 是高性能无线 SOC，以最低成本提供最大实用性，为 Wi-Fi 功能嵌入其他系统提供无限可能。

EX8266EX 内部结构图如图 2.48 所示。

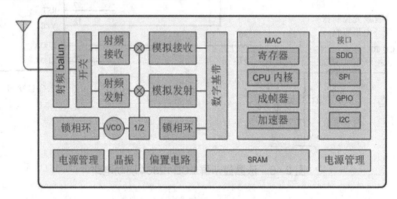

图 2.48　EX8266EX 内部结构图

(2) EX8266EX 模块的主要特点。
- 内置 Tensilica L106 超低功耗 32 位微型 MCU，主频支持 80 MHz 和 160MHz 支持 RTOS。
- 内置 10 bit 高精度 ADC。
- 内置 TCP/IP 协议栈。
- 内置 TR 开关、balun、LNA、功率放大器和匹配网络。
- 内置 PLL、稳压器和电源管理组件，802.11b 模式下+20dBm 的输出功率。
- MPDU、A-MSDU 的聚合和 0.4s 的保护间隔。
- Wi-Fi@2.4GHz，支持 WPA/WPA2 安全模式。
- 支持 AT 远程升级及云端 OTA 升级。
- 支持 STA/AP/STA+AP 工作模式。
- 支持 Smart Config 功能(包括 Android 和 iOS 设备)。
- HSPI、UART、I^2C、I^2S、IR Remote Control、PWM、GPIO。
- 深度睡眠保持电流为 10μA，关断电流小于 5μA。
- 2ms 内唤醒、连接并传递数据包。
- 待机状态消耗功率小于 1.0mW (DTIM3)。

- 工作温度范围：-40～125℃。

(3) Wi-Fi 通信模块的固件下载说明。

① Wi-Fi 通信模块的固件下载硬件平台搭建如图 2.49 所示。

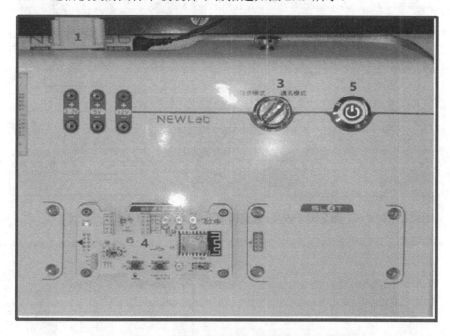

图 2.49　Wi-Fi 通信模块的固件下载硬件平台搭建

说明：Wi-Fi 通信模块固件下载时，NEWLab 主机上最好不放入其他模块，只留一个 Wi-Fi 通信模块即可。

② 打开 Wi-Fi 模块下载工具文件夹，打开烧写工具。Wi-Fi 烧写工具界面如图 2.50 所示。

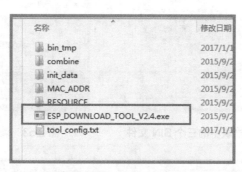

图 2.50　Wi-Fi 烧写工具界面

③ Wi-Fi 通信模块下载固件前设置界面如图 2.51 所示。

④ 设置烧写工具和烧写的程序路径。三个 BIN 文件必须下载到 Wi-Fi 通信模块中。下载至 Wi-Fi 通信模块中的三个 BIN 文件如图 2.52 所示。

按上述步骤设置后，首先按下 Wi-Fi 模块复位键，然后按下烧写按键。调入烧写文件界面如图 2.53 所示，文件烧写界面如图 2.54 所示。

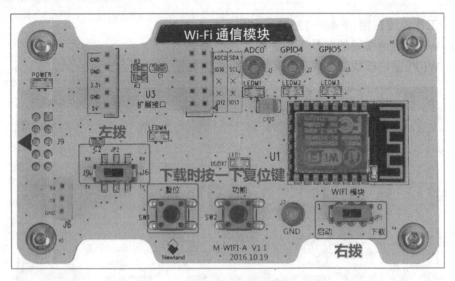

图 2.51 Wi-Fi 通信模块下载固件前设置界面

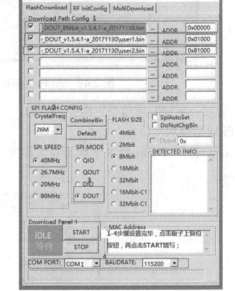

图 2.52 下载至 Wi-Fi 通信模块中的三个 BIN 文件　　图 2.53 调入烧写文件界面

图 2.54 文件烧写界面

⑤ 待 Wi-Fi 通信模块程序固件下载结束后,将 Wi-Fi 设置为运行模式。Wi-Fi 设置运

行模式操作界面如图 2.55 所示。

说明：Wi-Fi 烧写完成初始固件后，如果是第一次使用该 Wi-Fi 模块 ESP8266，需要手动上电默认 Wi-Fi 模式。设置 Wi-Fi 访问模式时，该 AT 命令码为：AT+CWMODE_DEF=1、AT+UART_DEF=256000-8-1-0-0。

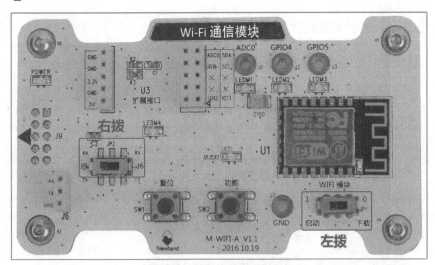

图 2.55　Wi-Fi 设置运行模式操作界面

(4) EX8266EX 与 M3 接口电路。

EX8266EX 与 M3 接口电路如图 2.56 所示。

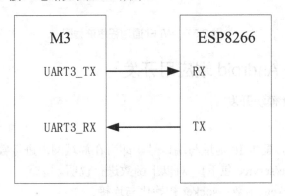

图 2.56　EX8266EX 与 M3 接口电路

ESP8266 与 M3 接线说明如下。

(1) ESP8266 引脚 1 端 RX 为数据接收端，将其与 M3 串口 3 的 PB10 引脚连接。

(2) ESP8266 引脚 2 端 TX 为数据发送端，将其与 M3 串口 3 的 PB11 引脚连接。

2. Wi-Fi 通信程序设计

Wi-Fi 通信程序流程图如图 2.57 所示。

系统初始化后，先连接云平台，然后进入主体任务。主体任务说明如下。

网络通信进程检查网络连通状况，并判断串口是否接收完数据。若接收完数据，则解析数据，并执行相应任务。系统每隔 3s 左右，向路由器发送系统当前状态信息。

说明：在调试过程中，Wi-Fi 模块所连接的设备必须是路由器，且 IP 地址的第三段需与路由器相同。如路由器地址为 192.168.199.xxx，即 ESP8266 模块设置的 IP 地址也必须为 192.168.199.yyy。

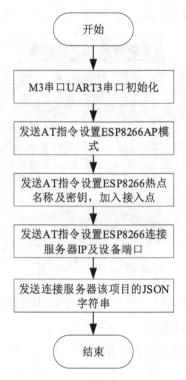

图 2.57　Wi-Fi 通信程序流程图

2.3.5　任务五　Android 端应用开发

1. 任务 1 socket 模块开发

(1) 功能描述。

通过 socket 连接，配置 IP 地址与端口号，即可在局域网内进行数据通信。

在类 Wi-FiService(service 包下)，对以下函数进行说明。

- initClientSocket()函数：socket 初始化与连接。
- SendByte(final byte bit[])函数：发送命令数据。
- receiveData()函数：接收数据，并进行保存，等待后续处理。

(2) 结果描述。

开发完成后，可实现远程数据的发送，实现对远程数据进行播放、删除的操作。

(3) 业务流程图。

任务 1 程序逻辑流程图如图 2.58 所示。

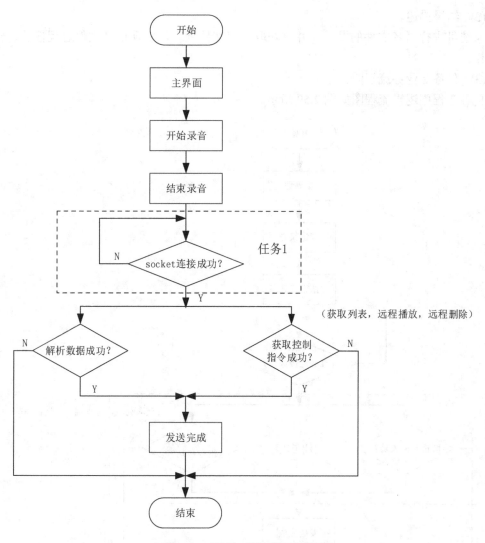

图 2.58　任务 1 程序逻辑流程图

2. 任务 2　远程文件操作模块开发

(1) 功能描述。

通过 socket 通信，实现对发送语音文件的存储，也可对语音文件远程播放、删除。在类 Wi-FiService(service 包下)函数中，对以下实现方法进行补充。

- 在 MainAplication.fixedThreadPool 线程中的$FiledataOK#分支下进行方法补充。
- 在 if (receive.indexOf("$ListOK##")!=-1)下进行方法补充。
- 在 public void onEvent(final EvenMsg msg)的 ORDER_SEND 分支下进行方法补充。
- 在 public void onEvent(final EvenMsg msg)的 DELETE_REMOTE 分支下进行方法补充。
- 在 public void onEvent(final EvenMsg msg)的 PLAY 分支下进行方法补充。

备注：语音记录仪通信协议请查阅本章资料包。

(2) 结果描述。

系统可进行语音文件的发送,并可获取远程文件列表,实现语音文件远程播放、删除等操作。

(3) 任务 2 业务流程图。

任务 2 程序逻辑流程图如图 2.59 所示。

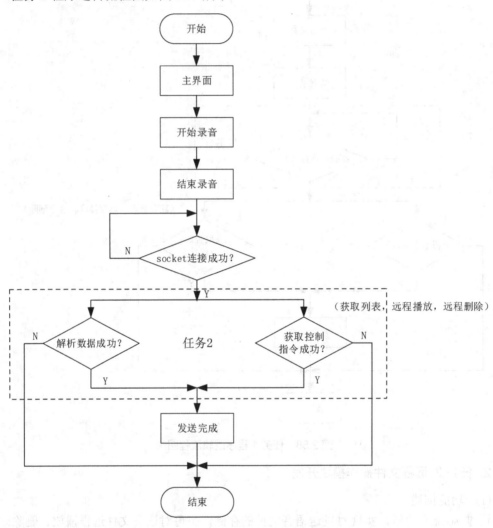

图 2.59 任务 2 程序逻辑流程图

3. 任务 3 文件操作模块开发

(1) 功能描述。

创建文件夹,用以保存录音文件、删除文件。为方便对语音文件进行操作,熟悉语音文件操作流程,对以下实现方法进行补充。

- 对适配器 MyAdapter(adpter 包下),在 delete.setOnClickListener 的方法下,补充相关任务内容。在类 MainActivity 的 public void onEvent(final EvenMsg msg)的 SEND_OVER 分支下,进行方法补充。

- 在 MainActivity(activity 包下)的 startAudio 方法下,对 waveCanvas.Start 进行内容补充。在 StopRecording 方法下,对 listAudio.add()进行补充。

(2) 结果描述。

可在手机的文件目录中查看到用户创建的文件。当执行删除操作时,文件夹内的语音文件消失。

(3) 业务流程图。

任务 3 程序逻辑流程图如图 2.60 所示。

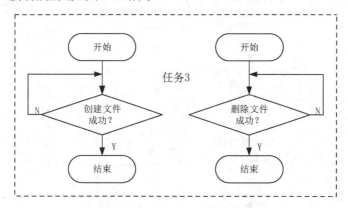

图 2.60　任务 3 程序逻辑流程图

2.3.6　任务六　Java 端应用开发

1. 任务 1 语音录制模块开发

(1) 功能描述。

基于任务 1 的代码工程,在类 VedioController 基础上完成 uploadVedio 函数的代码编写。要求录制的语音文件保存到项目"upload\temp"文件夹之下(如 webapps\RemoteVoiceRecorder\upload\temp),并且录制语音文件名需保存到数据库中。

备注:vedioRecordService.addRecord() 可保存录音文件名至数据库中。

(2) 结果描述。

在线模式/离线模式录制语音结束后,在列表中能找到之前录制的语音文件。

(3) 业务流程图。

任务 1 程序逻辑流程图如图 2.61 所示。

2. 任务 2 本地音频文件发送

(1) 功能描述。

基于任务 2 代码工程,实现类 VedioRecordServiceImpl 中 sendVedio(VedioRecord vedioRecord,byte[] file)函数的功能。要求能够把本地录音文件发送至远程设备端。

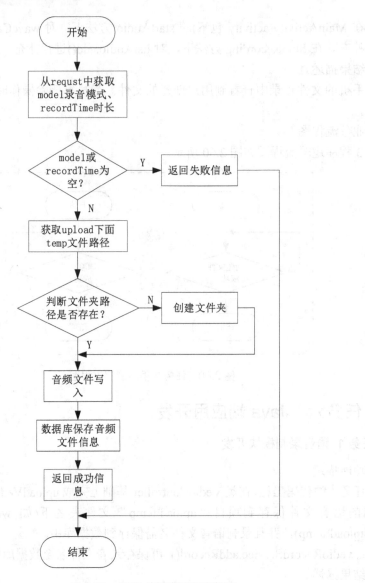

图 2.61　任务 1 程序逻辑流程图

备注：
- vedioRecord 为音频对象，file 为音频文件字节数据。
- 获取配置 Socket IP 的函数为 PropertyUtil.getProperty("socketIp")。
- 获取配置的 Socket 端口函数为 PropertyUtil.getProperty("socketPort")。
- socket 连接函数为：

```
SocketClient client= new
SocketClient(PropertyUtil.getProperty("socketIp"),
Integer.parseInt(PropertyUtil.getProperty("socketPort")), 1000)
```

(2) 结果描述。

在远程数据列表中，能找到所发送的本地音频文件。

(3) 业务流程图。

任务 2 程序逻辑流程图如图 2.62 所示。

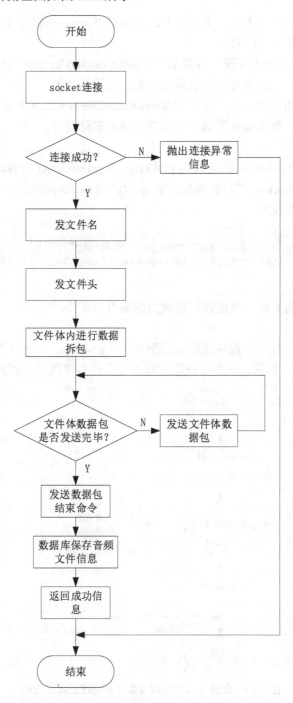

图 2.62 任务 2 程序逻辑流程图

3. 任务 3 远程文件操作(获取、播放、删除)

(1) 功能描述。

① 基于任务 3 的代码工程，实现类 VedioRecordServiceImpl 中 getRomoteVedioList () 函数的功能，完成音频文件的获取。

② 基于任务 3 的代码工程，实现类 VedioRecordServiceImpl 中功能。payByRemote (String fileName)函数，要求能够实现音频文件的远程播放功能。

③ 基于任务 3 的代码工程，实现类 VedioRecordServiceImpl 中功能。deleteByRemote (String fileName)函数，要求能够完成音频文件的远程删除功能。

备注：
- 获取配置的 Socket IP 的函数为 PropertyUtil.getProperty("socketIp")。
- 获取配置的 Socket 端口的函数为 PropertyUtil.getProperty("socketPort")。
- socket 连接函数为

```
SocketClient client= new
SocketClient(PropertyUtil.getProperty("socketIp"),
Integer.parseInt(PropertyUtil.getProperty("socketPort")), 1000)
```

(2) 结果描述。

实现远程获取语音文件，并能远程播放及删除语音文件。

(3) 业务流程图。

任务 3 播放远程音频文件程序逻辑流程图如图 2.63 所示；任务 3 删除远程音频文件程序逻辑流程图如图 2.64 所示。任务 3 获取远程音频文件程序逻辑流程图如图 2.65 所示。

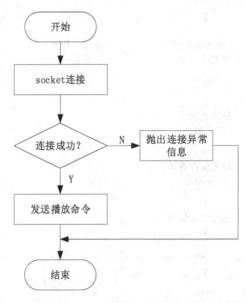

图 2.63　任务 3 播放远程音频文件程序逻辑流程图

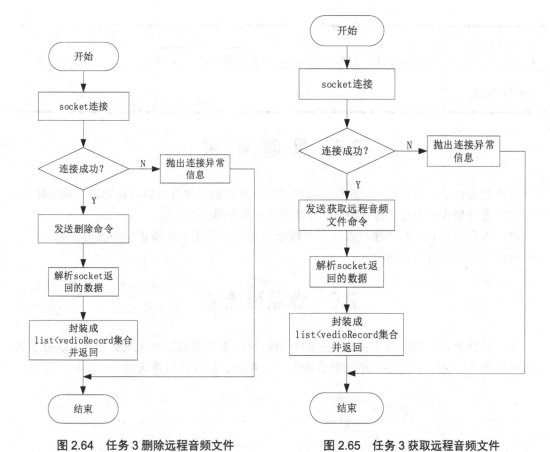

图 2.64　任务 3 删除远程音频文件　　图 2.65　任务 3 获取远程音频文件
程序逻辑流程图　　　　　　　　　　　程序逻辑流程图

2.4　课题参考评价标准

"远程语音记录仪"实训成绩评定表(百分制)

设计项目	内　容	得　分	备　注
平时表现	工作态度、遵守纪律、独立完成设计任务		5 分
	独立查阅文献、收集资料、制订项目设计方案和日程安排		5 分
设计报告	硬件电路设计、软件设计		10 分
	测试方案及条件、测试结果完整性、测试结果分析		5 分
	摘要、设计报告正文的结构、图表规范性		10 分
仿真与实物制作	按照设计任务要求的功能仿真		10 分
	按照设计任务要求在 NEWLab 正确连线		10 分
仿真与实物制作	按照设计任务要求实现的功能		10 分
	设计任务工作量、难度		10 分
	设计创新点		10 分

续表

设计项目	内 容	得 分	备 注
实训项目答辩	学生采用 PPT 讲解所设计任务,并回答老师提出的问题		15 分
综合成绩评定	指导教师(签名):		

2.5 课题拓展

本课题设计了一远程语音记录仪系统的功能,感兴趣的读者可以对课题进行功能拓展。
(1) 通信模式采用蓝牙通信模式,实现在手机端的无线控制。
(2) 本课题语音实时传输只设计了一段语音传输,可拓展多段语音的实时传输,设计时可参照微信的实时通话功能。

2.6 课题资源包

为方便读者及时查阅与本课题有关的参考资料,本书提供了本课题资源包。课题资源包索引如图 2.66 所示,学生实战演练课题时,可根据资源包索引查阅相关资料。

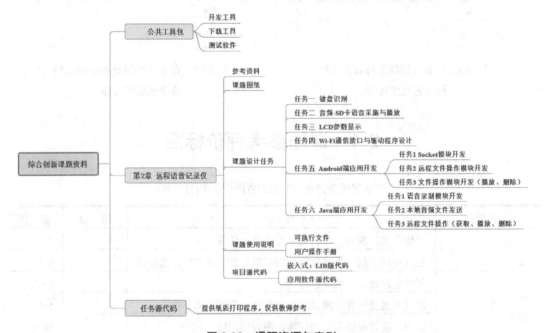

图 2.66 课题资源包索引

(扫一扫,获取精美课件、课题图纸及参考资料)

第 3 章

远程视频云台监控系统

【课题概要】监控是对行业重点部门或重要场所进行实时监测与控制的安防手段之一。管理部门可通过监控系统获得图像视频或声音信息,对突发性异常事件的过程进行及时地监视和记忆,为安防部门高效且及时处理相关案件提供依据。

监控系统由摄像、传输、控制、显示与记录登记五部分组成。摄像机通过同轴视频电缆将视频图像传输到控制主机,控制主机再将视频信号分配到各监视器及录像设备,同时可将需要传输的语音信号同步录入录像机内。通过控制主机,操作人员可发出指令,对云台的上、下、左、右的动作进行控制以及对镜头进行调焦变倍的操作,并可通过控制主机实现在多路摄像机及云台之间的切换。利用特殊的录像处理模式,可对图像进行录入、回放、处理等操作,使录像效果达到最佳。监控系统适用于银行、证券营业场所、企事业单位、机关、商业场所内外部环境、楼宇通道、停车场、社区内外部环境、图书馆、医院与公园等场所。

远程视频云台监控系统定位于本科院校以及高等职业院校的教学、综合实验、创新科研、课程设计、创客教育、竞赛培训、综合专业实训等实践教学环节,依托 NEWLab 基础教学设备,形成课堂内外有益的补充。本课题主要涉及视频图像采集与处理技术、嵌入式系统开发技术与应用、机电一体化控制技术、以太网通信技术、云服务器数据实时传输技术、手机 App 及 PC 端远程控制软件开发等专业知识点,主要考查学生的嵌入式开发能力、应用软件(Android,Java)开发能力及物联网技术集成能力。

【课题难度】★★★★

3.1 课题描述

视频云台监控系统作为物联网技术的重要感知录入载体，已经广泛应用于交通管理、安防、电子眼、无人机拍照、无人驾驶等领域。

视频云台监控系统云台由二维舵机组成，并配置摄像头模块。摄像头拍摄视频通过 M3 核心板采集，通过以太网、无线局域网传输到应用层(手机端或者 PC 端)。应用层实时获取摄像头信息，以达到监视目的。限于设备计算速度等影响，本课题实时传输图像为黑白图像，确保视频连续。应用层能够控制云台二维运动，使摄像头能够按照要求连续监控。应用层能够实现远程拍照、记录存档以及查询功能。云台终端能够通过键盘设置 IP 地址、参数等相关信息。

该课题融合了应用电子技术、嵌入式系统、计算机技术与应用、物联网技术与应用等多项技术，贴近市场实际，能充分培养学生对知识的综合应用能力及创新能力。

本课题适用于物联网技术与应用、嵌入式系统、电子科学与技术、应用电子技术、自动化、电子信息工程、计算机科学与技术等相关专业。课题设计重点在于物联网应用，以及通过网络模块实现客户端(手机端或 PC 端)与嵌入式控制系统的实时互动。教师可根据不同的专业方向和实际教学情况，选择不同的硬件配置进行实战演练。

3.2 课题分析

3.2.1 远程视频云台监控系统硬件设计方案

1. 远程视频云台监控系统总体设计方案

远程视频云台监控系统采用 STM32 作为主控芯片，主要包括 Cortex M3 模块、按键模块、云台(舵机)模块、LCD 参数显示模块、以太网通信模块、手机客户端、PC 客户端等。远程视频云台监控系统硬件总体框图如图 3.1 所示。

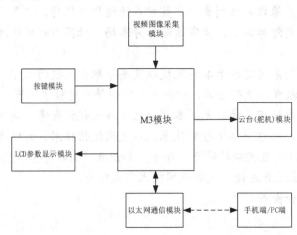

图 3.1 远程视频云台监控系统硬件总体框图

2. 远程视频云台监控系统硬件拓扑结构图

远程视频云台监控系统硬件拓扑结构图如图 3.2 所示。

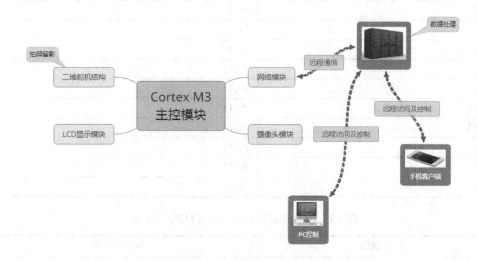

图 3.2　远程视频云台监控系统硬件拓扑结构图

3. 远程视频云台监控系统硬件模块接线示意图

远程视频云台监控系统硬件模块接线示意图如图 3.3 所示。

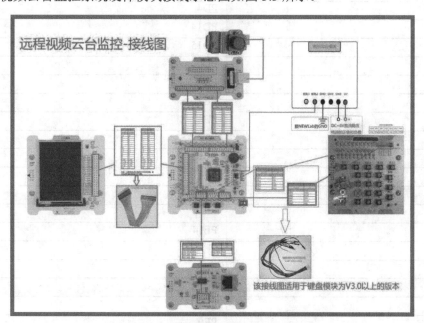

图 3.3　远程视频云台监控系统硬件模块接线示意图

4. 远程视频云台监控系统模块与 M3 引脚连接定义说明

键盘模块、LCD 液晶显示屏模块、摄像头模块、以太网模块、云台舵机模块与 M3 引脚连接定义说明分别如表 3.1～表 3.5 所示。

表 3.1 键盘模块与 M3 连接说明

键盘模块(V3.0)	M3 核心板
COL0	PC7
COL1	PC8
COL2	PC9
COL3	PA13
COL4	PA14
ROW4	PA15
ROW3	PC10
ROW2	PC11
ROW1	PC12
ROW0	PD2

表 3.2 LCD 液晶显示屏模块与 M3 连接说明

LCD 模块	M3 核心板
LCD_nRST	PD12
LCD_nCS	PD7
LCD_RS	PD11
LCD_nWR	PD5
LCD_nRD	PD4
DB0	PD14
DB1	PD15
DB2	PD0
DB3	PD1
DB4	PE7
DB5	PE8
DB6	PE9
DB7	PE10
DB8	PE11
DB9	PE12
DB10	PE13
DB11	PE14
DB12	PE15
DB13	PD8
DB14	PD9
DB15	PD10
TP_CS	PE0
TP_CLK	PE1
TP_SI	PE2
TP_SO	PE3
TP_IRQ	PB8
BL_CNT	PB9

表 3.3　摄像头模块与 M3 连接说明

摄像头模块	M3 核心板
WEN	PC5
RCLK	PC4
D7	PA7
D6	PA6
D5	PA5
D4	PA4
D3	PA3
D2	PA2
D1	PA1
D0	PA0
VSYNC	PC3
RRST	PC2
WRST	PC1
OE	PC0
SDA	PE6
SCL	PE5

表 3.4　以太网模块与 M3 连接说明

网络模块	M3 核心板
NET_MOSI	PB15
NET_MISO	PB14
NET_SCK	PB13
NET_CS	PB12
NET_RST	PC6

表 3.5　云台舵机模块与 M3 连接说明

云台舵机模块名称	M3 核心板引脚
舵机 2	PB6

3.2.2　远程视频云台监控系统软件设计方案

1. 远程视频云台监控系统实现功能

(1) 嵌入式端实现的功能及工作模式描述。

嵌入式端实现的功能如下。

- M3 核心板获取摄像头视频信息,通过网络模块(以太网通信)实时传输到手机 App 端。
- M3 核心板控制摄像头拍摄,并将拍照相片在 LCD 液晶显示屏上显示。
- 采用 M3 核心板配置键盘设置系统相关参数。

工作模式描述如下。

系统执行远程拍照和监控时，可通过控制云台舵机调整摄像头拍摄视角区域。系统服务器为客户端提供影像采集。手机或 PC 作为客户端，访问该服务器读取图像数据，同时可以控制舵机调整摄像头的角度来改变监控区域。系统设置三组密码，用于验证管理员身份。验证通过后，方可管理密码和修改网络参数。远程视频云台监控系统有"正常工作模式""修改网络参数模式""密码管理模式"三种工作模式。三种工作模式描述如下。

① 正常工作模式。

"正常工作模式"为系统默认初始工作状态，也可通过按下"项目四"或"项目五"按键，进入"正常工作模式"。在此模式下可以查看网络参数。当手机端发送请求拍照指令后，LCD 显示屏将显示摄像头所拍摄图像。

② 修改网络参数模式。

按下"项目二"按键，进入"修改网络参数模式"。在该模式下，首先输入密码验证，系统初始默认密码为"000000"。密码验证通过后进入网络参数修改界面，用户可以通过"上""下""左""右"键切换要修改的项目，键盘数字区域用于输入数字，设置完成后，单击"确认"键后，系统保存网络参数并提示保存成功；若参数错误，系统将不保存，并提示错误。

备注：如果用户使修改后的网络参数生效，则必须重启系统。按复位键或系统重新通电可使系统重启。

③ 密码管理模式。

按下"项目三"按键，进入"密码管理模式"。输入密码验证通过后，进入密码管理状态。此状态下可修改密码 0、密码 1、密码 2，这三组密码默认值均为"000000"。通过"上""下""左""右"按键可以切换操作项目。移动至相应的目标项目后，按下"确定"键进入目标项目操作。

修改密码时，输入新的密码后按下"确定"键，修改成功后则系统提示成功，否则系统提示失败。

(2) 手机端实现功能。

作为 Android 应用端，除了完成基本信息配置外，还可获取远程状态信息以及控制远程执行器。手机 App 实现的主要功能如下。

- Android 端进入主界面后，可通过设置入口设置远程 IP 地址信息及端口号。
- Android 端在主界面中，可以通过方向键，远程控制舵机(摄像头)的转动方向，以达到实时监控某个方向角度区域的状态。
- Android 端在主界面中，可以手动触发启动远程进行拍照，Android 端获取摄像头信息，以达到监视目的(包含彩色拍照及黑白拍照)。

(3) PC 端实现功能。

PC 端实现功能参照手机端实现功能。

2. 远程视频云台监控系统程序流程图

(1) 远程视频云台监控系统的整体架构。

远程视频云台监控系统的整体架构可分为三层。详细说明如下。

- 应用层：作为应用层，开发手机端应用及 PC 端应用，提供系统状态信息展示及用户操作界面。
- 网络层：为应用层提供 SDK 及 API 接口，支持 Android、Java、C#等语言平台。
- 硬件层：可添加各种设备，如传感器、执行器等物联网设备硬件。

(2) 应用软件层架构。

应用层零层架构如图 3.4 所示。

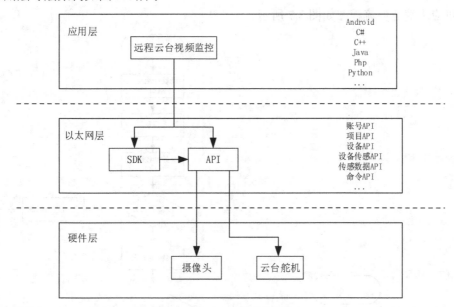

图 3.4　应用层零层架构

应用层一层架构如图 3.5 所示。

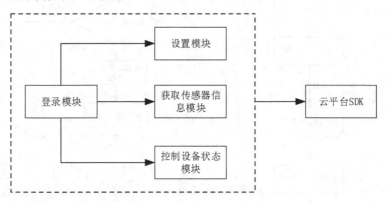

图 3.5　应用层一层架构

(3) 远程视频云台监控系统程序设计。

① 嵌入式端程序设计。

系统初始化后，首先连接服务器，然后进入主体任务。主体任务描述如下。

- 网络通信进程。检查网络连通状况，并判断串口是否接收数据完毕。若接收完数据，则执行数据解析，并执行相应任务。系统每隔 3s 左右向服务器发送系统当前状态信息。
- 按键扫描进程。根据按键的功能,实现"正常工作模式""修改网络参数模式"与"密码管理模式"之间状态切换。
- 显示状态切换进程,定时根据任务和数据刷新显示内容。

远程视频云台监控系统嵌入式端程序逻辑流程图如图 3.6 所示。

② 手机应用端软件设计。

手机应用端业务流程图如图 3.7 所示。

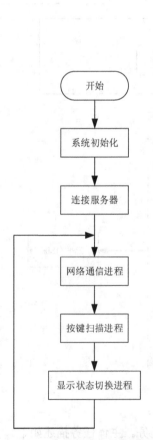

图 3.6 远程视频云台监控嵌入式端程序逻辑流程图

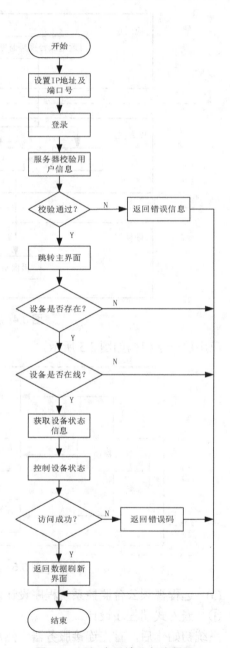

图 3.7 手机应用端业务流程图

③ PC 应用端软件设计。

PC 应用端业务流程图参考手机应用端业务流程图。

3. 远程视频云台监控系统手机 App 界面设计

(1) App 安装成功后，用户可直接点击应用图标 运行该应用。

(2) 用户点击应用图标后，进入欢迎界面。欢迎界面如图 3.8 所示。

(3) 在主界面中，点击右上角的 menu 按钮后进入设置界面。设置界面如图 3.9 所示。

图 3.8 欢迎界面

图 3.9 设置界面

说明：

(1) 内网 IP 地址：提供图片通信服务器地址(默认地址：192.168.0.62)。底层如有变动时，需要做相应修改。注意：网段必须与路由器网段相一致。如果路由器 IP 地址为 192.168.199.1，那么网段也必须是 192.168.199.xxx，不能为 192.168.1.xxx。

(2) 内网端口号：提供图片通信的服务器地址端口号(默认端口：8800)。如底层有变动时，需要做相应修改。

(4) 在登录界面中，点击右上角的 menu 按钮后进入关于界面。关于界面主要介绍版本信息及公司信息。关于界面如图 3.10 所示。

(5) 应用主界面如图 3.11 所示。

说明：

应用主界面可分为 3 个部分(从上到下)。具体描述如下。

(1) 通过圆盘控制舵机实现控制摄像头转动，从而改变摄像头拍摄区域。

(2) 点击"彩色拍照"区域，完成彩色区域图像拍摄。

(3) 点击"黑白拍照"区域，完成黑白区域图像拍摄。

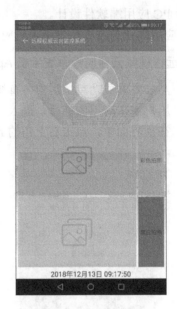

图 3.10 关于界面 　　　　　　图 3.11 应用主界面

获取图片中界面如图 3.12 所示。

获取彩色图片成功界面如图 3.13 所示。

图 3.12 获取图片中界面 　　　　图 3.13 获取彩色图片成功界面

获取黑白图片成功界面如图 3.14 所示。

(6) 点击右上角的 menu 按钮可进入查看照片界面。查看照片界面如图 3.15 所示。

(7) 在查看照片界面，点击图片，可支持图片放大功能。图片放大界面如图 3.16 所示。

(8) 在图片放大状态下，长按图片，能够支持删除图片操作。删除图片界面如图 3.17 所示。

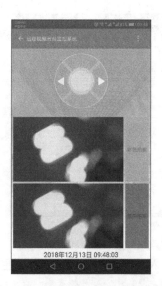
图 3.14 获取黑白图片成功界面

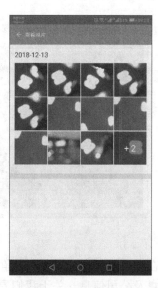
图 3.15 查看照片界面

图 3.16 图片放大界面

图 3.17 删除图片界面

4. 远程视频云台监控系统 PC 端界面设计

(1) 系统成功运行后,进入应用主界面。应用主界面如图 3.18 所示。

(2) 在应用主界面中,单击右上角的 menu 按钮进入设置界面。设置界面如图 3.19 所示。在设置界面,可完成内网 IP 地址以及端口号设置。详细描述如下。

- 内网 IP 地址:提供图片通信服务器地址(默认地址:192.168.1.61)。若底层有变动时,需要进行相应修改。
- 内网端口号:提供图片通信服务器地址端口号(默认端口:8800)。若底层有变动时,需要进行相应修改。

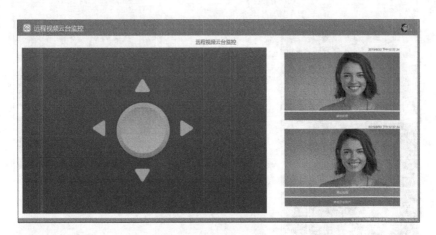

图 3.18 应用主界面

(3) 在应用主界面，单击右上角的 menu 按钮后进入关于我们界面，该界面主要介绍软件版本信息及公司信息。关于我们界面如图 3.20 所示。

图 3.19 设置界面　　　　　　　　图 3.20 关于我们界面

(4) 应用主界面如图 3.21 所示。

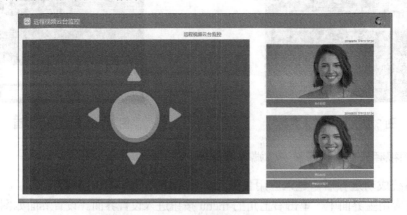

图 3.21 应用主界面

应用主界面可分为两部分(从左到右)。详细说明如下。
- 通过圆盘控制舵机完成摄像头转动，从而改变摄像头拍摄区域。
- 单击"彩色拍照"区域，完成彩色图片拍摄；单击"黑白拍照"区域，完成黑白图片拍摄。

主界面-获取图片中界面如图 3.22 所示,主界面-获取彩色图片成功界面如图 3.23 所示,主界面-获取黑白图片成功界面如图 3.24 所示。

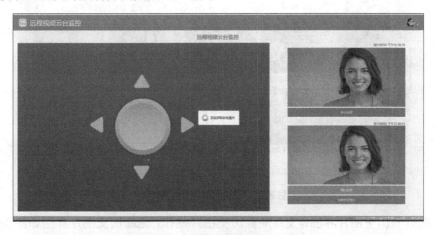

图 3.22　主界面-获取图片中界面

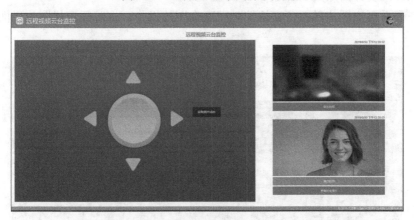

图 3.23　主界面-获取彩色图片成功界面

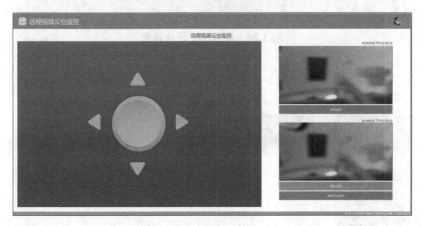

图 3.24　主界面-获取黑白图片成功界面

(5) 在主界面,单击右上角按钮,进入查看历史照片界面。查看历史照片界面如图 3.25 所示。

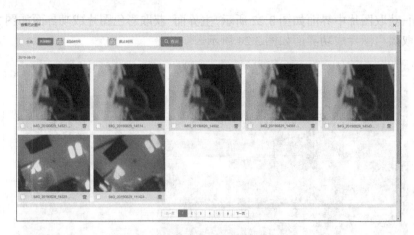

图 3.25　查看历史照片界面

(6) 在查看历史图片界面，支持删除历史图片操作。删除历史图片界面如图 3.26 所示，删除历史照片成功界面如图 3.27 所示。

(7) 在查看历史图片界面，支持按时间查询图片操作。按时间查找图片界面如图 3.28 所示。

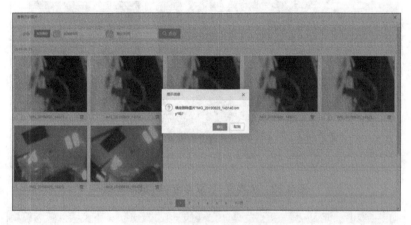

图 3.26　删除历史照片界面

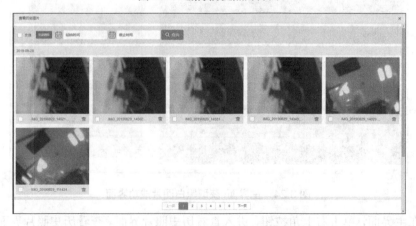

图 3.27　删除历史照片成功界面

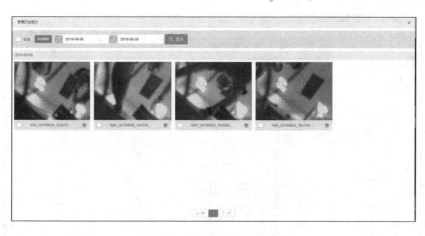

图 3.28　按时间查找图片界面

5. 关键宏定义参数使用说明

打开 stm32 源码工程中 UserLwIpReference.h 文件。如果用户需要更改远程视频云台监控系统默认 IP 地址、子网掩码、网关，以及默认本地服务器的端口号(备注：远程视频云台监控系统作为服务器使用，用于采集影像)，可在 UserLwIpReference.h 文件中修改。UserLwIpReference.h 文件界面如图 3.29 所示。

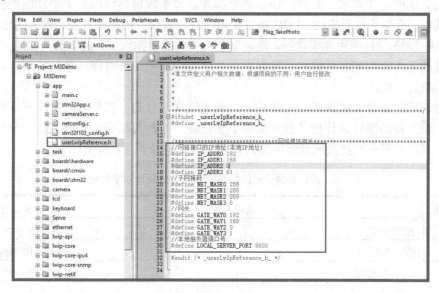

图 3.29　UserLwIpReference.h 文件界面

展开 netconfig.c 文件，用户可在该文件中修改网络模块 MAC 地址。当有多台远程视频云台监控系统时，用户必须修改 MAC 地址作为唯一地址，以防止 MAC 地址冲突。注意：UserLwIpReference.h 中只需修改 IP 地址、网关和端口号，子网掩码无须修改。IP 地址和网关同样要注意网段必须与路由器网段一致，网关 IP 即为路由器 IP。同样，要注意此处 IP 地址、端口号要与应用软件端的 IP 地址、端口号一致。

netconfig.c 展开文件界面如图 3.30 所示。

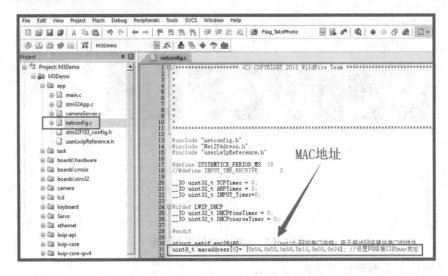

图 3.30　netconfig.c 展开文件界面

3.2.3　远程视频云台监控系统任务拆分及计划学时安排

由于远程视频云台监控系统涉及的知识点较多，增加了课题设计的复杂程度。因此要结合系统实现的功能要求，对设计任务进行拆分。该系统可拆分成若干个功能模块，如按键识别模块、摄像头拍照模块、LCD 参数显示模块、云台舵机控制模块、以太网通信模块、手机应用端模块，PC 应用端模块等。建议每个模块功能单独调试，各个模块功能实现之后，再根据总的工作流程把各个模块连接起来，并结合相应的工作时序，最终实现远程视频云台监控系统的功能。

为保证学生按时完成课题设计任务，达到实战演练目的，指导教师可根据课题总体设计任务，按系统功能将设计任务拆分成多个子任务，教师可根据学生专业特点分配设计子任务。远程视频云台监控系统任务拆分及计划学时安排如表 3.6 所示。

表 3.6　远程视频云台监控系统任务拆分及计划学时安排

项目编号	项目名称		建议计划学时
任务一	按键识别		5 学时
任务二	摄像头拍照		10 学时
任务三	LCD 参数显示		5 学时
任务四	云台舵机控制		5 学时
任务五	以太网通信驱动程序设计		10 学时
任务六	Android 端应用开发	任务 1　舵机控制模块开发	20 学时
		任务 2　拍照监控模块开发(彩色拍照、黑白拍照)	
		任务 3　照片管理模块开发(查看、删除)	
任务七	Java 端应用开发	任务 1　舵机控制模块开发	20 学时
		任务 2　拍照监控模块开发(彩色拍照、黑白拍照)	
		任务 3　照片管理模块开发(查看、删除)	

3.3 课题任务设计

3.3.1 任务一 按键识别

功能描述：系统初始化默认"正常工作模式"。分别按下键盘模块上"项目二""项目三"与"项目四"按键，系统将依次切换进入"修改网络参数模式""密码管理模式""正常工作模式"。

1. 键盘与 M3 接口电路设计

(1) 矩阵式键盘模块与 M3 接口电路。

矩阵式键盘模块与 M3 接口电路如图 3.31 所示。

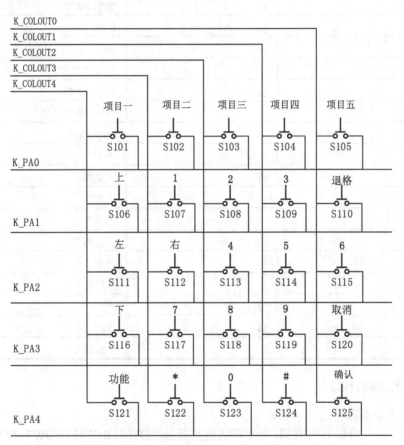

图 3.31 矩阵式键盘模块与 M3 接口电路

(2) 矩阵式键盘与 M3 引脚接线定义说明。

矩阵式键盘与 M3 引脚连接定义说明参见本章表 3.1。

(3) 远程视频云台监控系统按键键值及功能定义。

远程视频云台监控系统按键键值及功能定义如表 3.7 所示。

表 3.7 远程视频云台监控系统按键键值及功能定义

按键编号	键 值	按键功能
S101	1	"项目一模式"
S102	2	"项目二模式"
S103	3	"项目三模式"
S104	4	"项目四模式"
S105	5	"项目五模式"
S107	7	数字"1"
S108	8	数字"2"
S109	9	数字"3"
S113	13	数字"4"
S114	14	数字"5"
S115	15	数字"6"
S117	17	数字"7"
S118	18	数字"8"
S119	19	数字"9"
S123	23	数字"0"
S106	6	"上"
S111	11	"左"
S112	12	"右"
S116	16	"下"
S110	10	"退格"
S120	20	"取消"
S121	21	"功能"
S122	22	"*"
S124	24	"#"
S125	5	"确认"

2. 按键识别软件设计

(1) 按键识别软件设计思路。

① 配置 M3 内部对应引脚,将矩阵式键盘行线 ROW4、ROW3、ROW2、ROW1、ROW0 分别对应的 M3 引脚 PA15、PC10、PC11、PC12、PD2 设置为上拉输出模式;将矩阵式键盘列线 COL0、COL1、COL2、COL3、COL4 分别对应的 M3 引脚 PC7、PC8、PC9、PA13、PA14 设置为上拉输入模式。

② 扫描按键,多次定时检测消除抖动,判断哪一个键按下。

③ 按键识别,执行相应键的功能。

(2) 按键识别软件设计。

按键扫描软件流程图如图 3.32 所示。

系统初始化默认"正常工作模式"。系统根据工作状态标志切换工作模式，分别按下键盘模块上"项目二""项目三""项目四"按键，系统将依次切换进入"修改网络参数模式""密码管理模式"与"正常工作模式"。执行主体任务结束后，进入系统与服务器通信进程。远程视频云台监控系统工作模式切换流程图如图 3.33 所示。

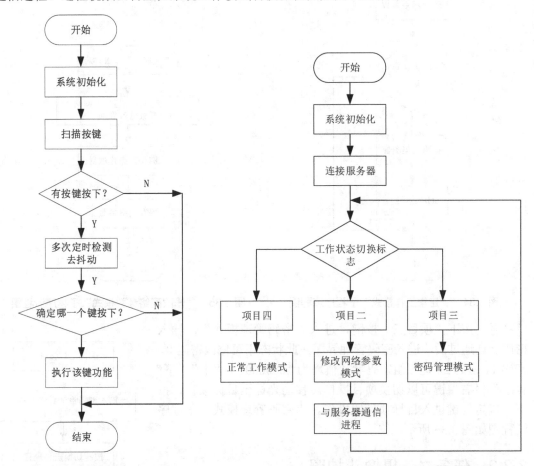

图 3.32　按键扫描软件流程图　　图 3.33　远程视频云台监控系统工作模式切换流程

① 按下"项目四"按键后，系统执行"正常工作模式"子程序。在此模式下可以查看网络参数。当手机端发送请求拍照的指令后，LCD 显示屏将显示摄像头所采集图像。"正常工作模式"子程序流程图如图 3.34 所示。

② 按下"项目二"按键，系统进入"修改网络参数模式"。首先输入密码验证(系统出厂默认密码为"000000")，密码验证通过后进入网络参数修改界面。用户可以通过"上""下""左""右"键切换项目操作，键盘数字区域用于输入数字。网络参数设置完成后，按下"确认"键，系统保存网络参数并提示保存成功。若网络参数错误，系统不予保存，并提示网络参数设置错误。"修改网络参数模式"子程序流程图如图 3.35 所示。

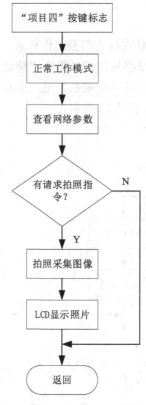

图 3.34 "正常工作模式"子程序流程图　　图 3.35 "修改网络参数模式"子程序流程图

③ 按下"项目三"按键,进入"密码管理模式"。输入密码验证通过后,进入密码管理界面,此状态下可修改密码 0、密码 1、密码 2。这三组密码默认值均为"000000","上""下""左""右"键可以切换项目操作。移动光标至目标项目,按下"确定"键进入目标项目的操作。"密码管理模式"子程序流程图如图 3.36 所示。

3.3.2 任务二 摄像头拍照

功能描述:启动摄像头拍照,读取图像传感器数据在 TFT 液晶屏显示,同时将拍摄的照片传输到智能终端。

1. 摄像头拍照硬件设计

(1) 摄像头模块简介。

OV7670/OV7171 CAMERACHIPTM 图像传感器,体积小、工作电压低,提供单片 VGA 摄像头和影像处理器的所有功能。通过 SCCB 总线控制,可以输出整帧、子采样、取窗口等方式的各种分辨率 8 位影像数据。该产品 VGA 图像最高达到 30f/s,用户可以完全控制图像质量、数据格式和传输方式。所有图像处理功能过程包括伽马曲线、

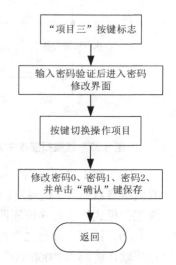

图 3.36 "密码管理模式"子程序流程图

白平衡、饱和度、色度等都可以通过 SCCB 接口编程。OmmiVision 图像传感器应用独有的传感器技术，通过减少或消除光学或电子缺陷如固定图案噪声、拖尾、浮散等，提高图像质量，得到清晰稳定的彩色图像。

(2) 摄像头模块功能。
- 高灵敏度适合低照度应用。
- 低电压适合嵌入式应用。
- 标准的 SCCB 接口，兼容 I^2C 接口。
- RawRGB, RGB(GRB4:2:2,RGB565/555/444),YUV(4:2:2)和 YCbCr(4:2:2)输出格式。
- 支持 VGA、CIF 以及从 CIF 到 40×30 的各种尺寸。
- VarioPixel 子采样方式。
- 自动影像控制功能包括自动曝光控制、自动增益控制、自动白平衡、自动消除灯光条纹、自动黑电平校准。图像质量控制包括色饱和度、色相、伽马、锐度和 ANTI_BLOOM。
- ISP 具有消除噪声和坏点补偿功能。
- 支持闪光灯：LED 灯和氙灯。
- 支持图像缩放。
- 镜头失光补偿。
- 50/60Hz 自动检测。
- 饱和度自动调节(UV 调整)。
- 边缘增强自动调节。
- 降噪自动调节。

(3) 摄像头模块内部结构图。

摄像头模块内部结构图如图 3.37 所示。

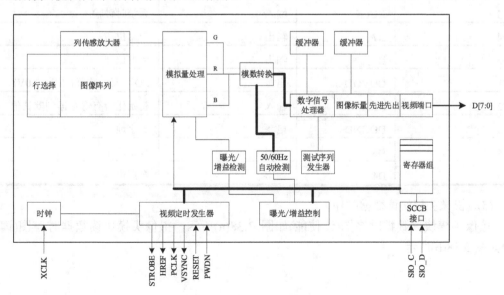

图 3.37 摄像头模块内部结构图

(4) 摄像头模块引脚定义。

摄像头模块引脚定义如表 3.8 所示。

表 3.8 摄像头模块引脚定义

引 脚	名 称	类 型	功能/说明
A1	AVDD	电源	模拟电源
A2	SIO_D	输入/输出	SCCB 数据口
A3	SIO_C	输入	SCCB 时钟口
A4	D1a	输出	数据位 1
A5	D3	输出	数据位 3
B1	PWDN	输入(0) b	POWER DOWN 模式选择
B2	VREF2	参考	参考电压，并 0.1μF 电容
B3	AGND	电源	模拟地
B4	D0	输出	数据位 0
B5	D2	输出	数据位 2
C1	DVDD	电源	核电压+1.8V DC
C2	VREF1	参考	参考电压，并 0.1μF 电容
D1	VSYNC	输出	帧同步
D2	HREF	输出	行同步
E1	PCLK	输出	像素时钟
E2	STROBE	输出	闪光灯控制输出
E3	XCLK	输入	系统时钟输入
E4	D7	输出	数据位 7
E5	D5	输出	数据位 5
F1	DOVDD	电源	I/O 电源，电压(1.7～3.0V)
F2	RESET#	输入	初始化所有寄存器到默认值
F3	DOGND	电源	数字地
F4	D6	输出	数据位 6
F5	D4	输出	数据位 4

(5) 摄像头模块读数据时序。

摄像头模块读数据时序图(读使能)如图 3.38(a)所示，摄像头模块读数据时序图(读复位)如图 3.38(b)所示。

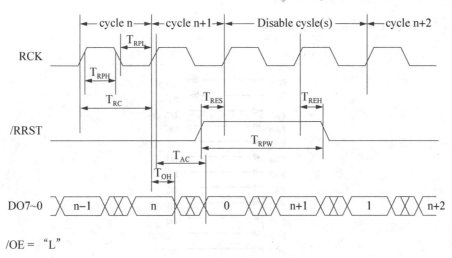

(a) 读使能

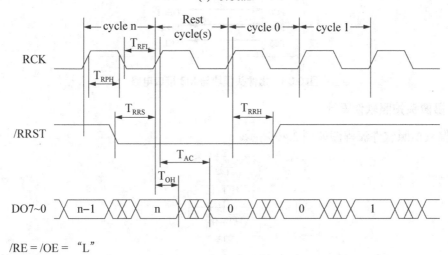

/RE = /OE = "L"

(b) 读复位

图 3.38 摄像头模块读数据时序图

(6) 摄像头模块与 M3 接口电路。

摄像头模块与 M3 接口电路如图 3.39 所示。

摄像头模块管脚定义如下。

VSYNC——帧同步信号(输出信号)。

D0-D7——数据端口(输出信号)。

RESET——复位端口(正常使用拉高)。

WEN——功耗选择模式(正常使用拉低)。

RCLK——FIFO 内存读取时钟控制端。

OE——FIFO 关断控制。

WRST——FIFO 写指针复位端。

RRST——FIFO 读指针复位端。

SIO_C——SCCB 接口的控制时钟。

SIO_D——SCCB 接口的串行数据输入。

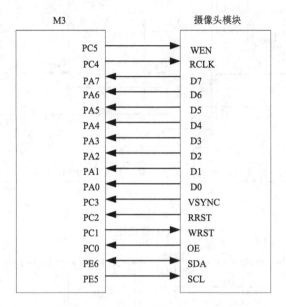

图 3.39 摄像头模块与 M3 接口电路

2. 摄像头拍照软件设计

摄像头拍照软件流程图如图 3.40 所示。

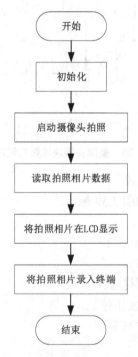

图 3.40 摄像头拍照软件流程图

3.3.3 任务三 LCD 参数显示

功能描述：采用TFT彩色LCD显示屏，显示远程监控视频图片。

1. LCD 与 M3 硬件接口电路设计

(1) 液晶显示屏 LCDT283701 简介。

液晶显示屏采用深圳市艾斯迪科技有限公司生产的 LCDT283701 型号，该显示屏相关参数如表 3.9 所示。

表 3.9 LCDT283701 显示屏相关参数

产品名称	2.8 英寸 TFT 液晶屏
外观尺寸	50mm×69.2mm×4.2mm
显示尺寸	43.2mm×57.6mm
驱动 IC	ILI9341
接口类型	MCU 并口，37pin 焊脚，8/16bit
背光类型	4×LED 并联，电压：2.8～3.3V
功耗	4.2～4.95W
分辨率	240 像素×320 像素

(2) 液晶显示屏 LCDT283701 引脚定义。

液晶显示屏LCDT283701引脚功能定义如表3.10所示。

表 3.10 液晶显示屏 LCDT283701 引脚功能定义

管脚号	符号	功能
1	DB0	LCD 数据信号线
2	DB1	LCD 数据信号线
3	DB2	LCD 数据信号线
4	DB3	LCD 数据信号线
5	GNDE	地
6	VCC1	模拟电路电源(+2.5～+3.3V)
7	/CS	片选信号低有效
8	RS	指令/数据选择端，L: 指令，H: 数据
9	/WR	LCD 写控制端，低有效
10	/RD	LCD 读控制端，低有效
11	NC	悬空
12	X+	触摸屏信号线
13	Y+	触摸屏信号线
14	X-	触摸屏信号线

续表

管脚号	符号	功能
15	Y-	触摸屏信号线
16	LEDA	背光 LED 正极性端
17	LEDK1	背光 LED 负极性端
18	LEDK2	背光 LED 负极性端
19	LEDK3	背光 LED 负极性端
21	NC	悬空
22	DB4	LCD 数据信号线
23	DB10	LCD 数据信号线
24	DB11	LCD 数据信号线
25	DB12	LCD 数据信号线
26	DB13	LCD 数据信号线
27	DB14	LCD 数据信号线
28	DB15	LCD 数据信号线
29	DB16	LCD 数据信号线
30	DB17	LCD 数据信号线
31	/RESET	复位信号线
32	VCI	模拟电路电源(2.8～3.3V)
33	VCC2	I/O 接口电压(2.8～3.3V)
34	GND	地
35	DB5	LCD 数据信号线
36	DB6	LCD 数据信号线
37	DB7	LCD 数据信号线

(3) 液晶显示屏 LCDT283701 与 M3 接口电路设计。

TFT 液晶显示屏模组与 M3 接口电路如图 3.41 所示。

2. LCD 界面与参数显示软件设计

(1) LCD 界面与参数显示软件设计思路。

① 编写初始化函数时，首先应对相关引脚进行相关配置。

② 设置 LCD 屏竖屏显示，设置为黑字体、白背景，每行最多显示 15 个英文字符。

③ 开机时，TFT 液晶显示屏显示"正常工作模式"。

④ 编写参数现实函数。

(2) LCD 界面与参数显示软件流程图。

LCD 界面与参数显示软件流程图如图 3.42 所示。

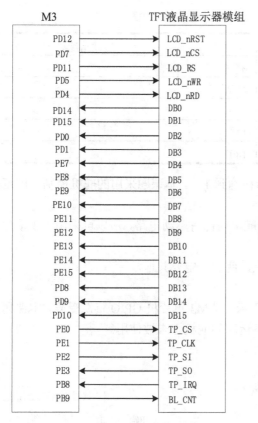

图 3.41 TFT 液晶显示屏模组与 M3 接口电路

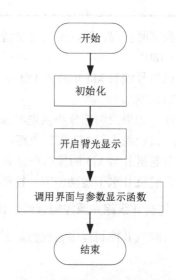

图 3.42 LCD 界面与参数显示软件流程图

3.3.4 任务四 云台舵机控制

功能描述：系统远程拍照和监控时，通过 M3 端控制云台舵机，调整摄像头视角区域。

1. 云台舵机与 M3 硬件接口电路设计

(1) 云台舵机工作原理。

远程视频云台监控系统可通过控制舵机调整摄像头视角区域，以确保 360°监控无死角，从而实现远程视频采集与监控目的。

舵机控制信号周期是 20ms 的脉宽调制(PWM)信号，其中脉冲宽度为 0.5～2.5ms，对应舵盘位置变化范围为 0°～180°，并且呈线性变化。也就是说，给舵机提供一定的脉宽，其输出轴就会保持在一个相对应的角度位置，无论外界转矩怎样改变，直到给舵机提供另外一宽度的脉冲信号，舵机才会改变输出角度，并转到新的对应位置。舵机内部有一基准电路，产生周期 20ms、宽度 1.5ms 的基准信号，还有一个比较器，可将外加信号与基准信号相比较，判断出方向和大小，从而产生电机的转动信号。由此可见，舵机采用位置伺服驱动方式，其转动范围不能超过 180°。适用于角度不断变化并且位置可以保持的控制系统领域。舵机控制原理详见本课题资料包。

以 180°角度舵机为例，舵机控制信号脉冲宽度与转动角度关系如表 3.11 所示。

表 3.11 舵机的控制信号脉冲宽度与转动角度关系

舵机控制信号脉冲宽度	转动角度
0.5ms	0°
1.0ms	45°
1.5ms	90°
2.0ms	135°
2.5ms	180°

根据实际情况,可以调整角度精度,比如精确到 1°。本课题采用的舵机控制角度范围为 0°～180°。

舵机信号线与 M3 单片机 I/O 口连接。因舵机内部有驱动电路,所以可采用 M3 单片机 I/O 口直接控制。

备注:如果控制部分和供电电源部分独立,两者一定要共地。

(2) 云台舵机与 M3 接口电路。

云台舵机 II 与 M3 的接口电路如图 3.43 所示。因 M3 单片机 GPIO 资源受限,本课题只控制云台舵机 II 水平运动调节,控制云台上下运动的舵机 I 未被使用。

2. 舵机 II 跟踪光源控制软件设计

云台舵机 II 控制程序流程图如图 3.44 所示。

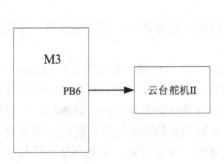

图 3.43 云台舵机 II 与 M3 的接口电路

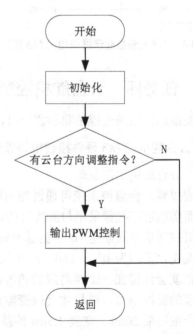

图 3.44 云台舵机 II 控制程序流程图

3.3.5 任务五 网络通信驱动程序设计

功能描述：网络通信采用以太网控制器 ENC28J60 模块，首先对其内部相关寄存器初始化编程，然后通过以太网实现硬件层与应用层的数据传输。

1. 以太网控制器 ENC28J60 与 M3 接口电路设计

(1) 以太网控制器 ENC28J60 简介。

ENC28J60 是 Microchip Technology(美国微芯科技公司)推出的 28 引脚独立以太网控制器，也是目前最小封装的以太网控制器(目前市场上大部分以太网控制器采用的封装均超过 80 引脚)。在此之前，嵌入式设计人员在为远程控制或监控提供应用接入时可选的以太网控制器，都是专为个人计算系统设计，既复杂又占空间，且价格昂贵。而符合 IEEE802.3 协议的 ENC28J60 只有 28 引脚，它既能提供相应的功能，又可以大大简化相关设计，并减小占板空间。此外，ENC28J60 以太网控制器采用业界标准的 SPI 串行接口，只需 4 条连线即可与主控单片机连接。这些功能由 Microchip 公司免费提供，可用于单片机 TCP/IP 软件堆栈，使之成为目前市面上最小的嵌入式应用以太网解决方案。

(2) 以太网控制器 ENC28J60 特性。

- IEEE 802.3 兼容的以太网控制器。
- 集成 MAC 和 10 BASE-T PHY。
- 接收器和冲突抑制电路。
- 支持一个带自动极性检测和校正的 10BASE-T 端口。
- 支持全双工和半双工模式。
- 可编程在发生冲突时自动重发。
- 最高速度可达 10Mb/s 的 SPI 接口。
- 带可编程预分频器的时钟输出引脚。
- 工作电压范围是 3.14~3.45V。
- 工作温度：-45~85℃。

(3) 以太网控制器 ENC28J60 的内部结构。

ENC28J60 内部接口引脚如图 3.45 所示。ENC28J60 控制寄存器中最基本和最重要的 5 个寄存器分别是以太网中断使能控制寄存器 EIE、以太网中断标志寄存器 EIR、以太网状态寄存器 ESTAT、以太网辅助控制寄存器 ECON 2 和以太网主控制寄存器 ECON1。

(4) 以太网控制器 ENC28J60 的引脚。

以太网控制器 ENC28J60 的引脚如图 3.46 所示。

(5) 以太网控制器 ENC28J60 与 M3 接口电路。

以太网控制器 ENC28J60 与 M3 接口电路如图 3.47 所示。

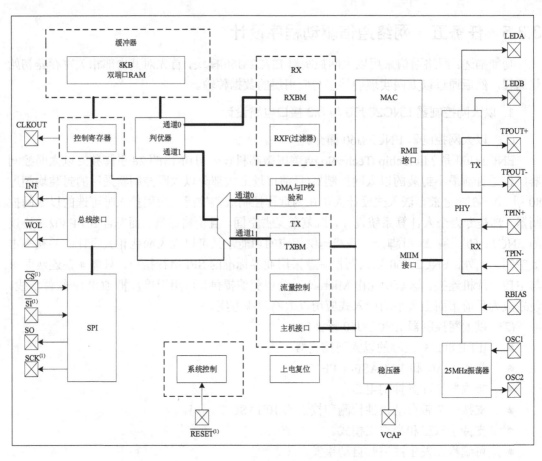

图 3.45 ENC28J60 内部接口引脚

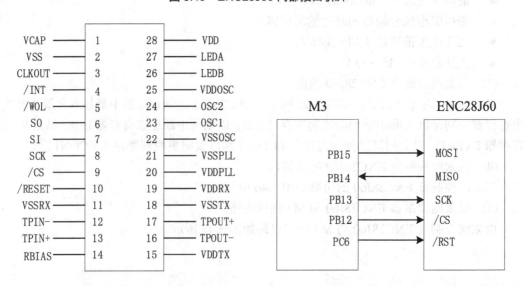

图 3.46 以太网控制器 ENC28J60 的引脚　　图 3.47 以太网控制器 ENC28J60 与 M3 接口电路

以太网控制器 ENC28J60 与 M3 接口引脚功能解释如表 3.12 所示。

表 3.12 以太网控制器 ENC28J60 与 M3 接口引脚功能解释

ENC28J60 引脚名称	ENC28J60 引脚功能
MOSI	SPI 接口的数据输入端
MISO	SPI 接口的数据输出端
SCK	SPI 接口的时钟输入端
/CS	SPI 接口的片选输入端
/RST	器件复位输入端，低电平有效

2. 网通信驱动程序设计

(1) 网通信驱动程序设计思路。

网关复位后，单片机首先对 USART 进行设置。选择串口通信方式为半双工模式，设置 UBRRH 和 UBRRL，使波特率为 9600bps，设置 UCSRB，以使接收器与发送器使能，通过 UCSRC 寄存器设置帧格式。

(2) 网通信驱动程序设计。

初始化程序流程图如图 3.48 所示。

主程序流程图如图 3.49 所示。

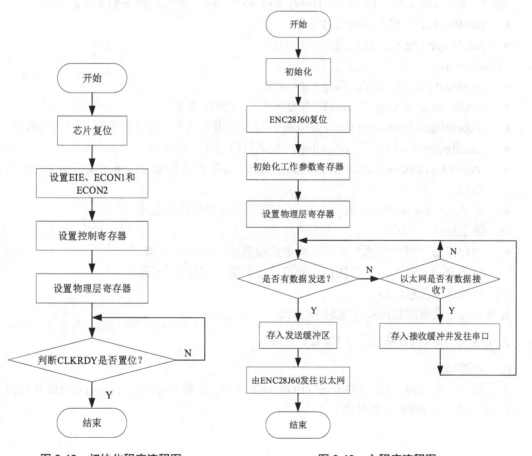

图 3.48 初始化程序流程图　　　　图 3.49 主程序流程图

3.3.6 任务六 Android 端应用开发

1. 任务 1 舵机控制模块开发

(1) 功能描述。

基于任务 1 中代码工程，在 MainActivity.java 类中，实现舵机运动控制(仅支持云台左右运动，不支持云台上下运动)函数为 controlCameraDirection(int step, int direction){}。

参数说明如下。

- int step：步长，舵机移动的角度数。
- int direction：运动方向，即前进或后退。0 表示前进，1 表示后退。

(2) 结果描述。

当内网连接成功后，用户点击左右方向按键，可实现远程控制舵机转动。

(3) 任务 1 业务流程图。

任务 1 程序逻辑流程图如图 3.50 所示。

2. 任务 2 拍照监控模块开发(彩色拍照、黑白拍照)

(1) 功能描述。

基于任务 2 代码工程，在 MainActivity.java 类中，两个函数功能说明如下。

- takePicture()：进行彩色照片拍照。
- takeGrayPicture()：进行黑白照片拍照。

在 SocketUtil.java 类中，函数功能说明如下。

- sendStartTakePicture()：发送拍照请求。
- sendRequestPackagePicture()：发送彩色图片分包请求。
- requestPictureDatas(int packageNum)：根据数据包编号，请求彩色图片对应的数据。
- sendRequestPackageGrayPicture()：发送黑白图片分包请求。
- requestPictureGrayDatas(int packageNum)：根据数据包编号，请求黑白图片对应的数据。
- analyzeDataFromServer(byte[] data)：解析服务端返回的数据。

(2) 结果描述。

- 用户点击"彩色拍照"按钮，能够获取到彩色图片并显示。
- 用户点击"黑白拍照"按钮，能够获取到黑白图片并显示。

(3) 任务 2 业务流程图。

任务 2 程序逻辑流程图如图 3.51 所示。

3. 任务 3 照片管理模块开发(查看、删除)

(1) 功能描述。

基于任务 3 中代码工程，在 MainActivity.java 类中，函数 displayPictures()完成照片信息的管理功能(查看、删除)逻辑功能。

第 3 章 远程视频云台监控系统

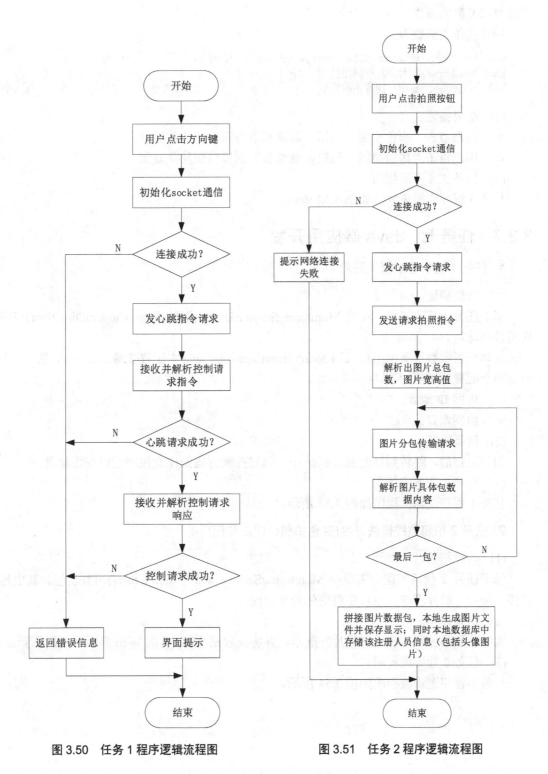

图 3.50 任务 1 程序逻辑流程图　　　图 3.51 任务 2 程序逻辑流程图

备注：项目中使用 GreenDao 数据库进行图片信息存储。用户可基于该库，完成图片的本地查找及删除操作。

图片实体类函数为：

```
com.newland.remotemonitoringsystem.bean.Picture
pictureSrc;//图片本地存储路径
takePictureDate;//图片拍照日期
```

(2) 结果描述。
- 用户点击"彩色拍照"按钮，能够获取到彩色图片并显示。
- 用户点击"黑白拍照"按钮，能够获取到黑白图片并显示。

(3) 任务 3 业务流程图。

任务 3 程序逻辑流程图如图 3.52 所示。

3.3.7 任务七 Java 端应用开发

1. 任务 1 舵机控制模块开发

(1) 功能描述。

基于任务 1 代码工程，在类 MonitoringService.java，函数 controlCameraDirection()完成舵机控制功能。

具体配置参数可参考工程代码 MonitoringController.java 中配置变量 config()信息。其中包含两个配置项说明如下。

- 内网 IP 地址。
- 内网端口。

(2) 结果描述。

用户运行后，跳转到界面 index.jsp 中，通过控制方向操作盘控制舵机左右运动。

(3) 任务 1 业务流程图。

任务 1 程序逻辑流程图如图 3.53 所示。

2. 任务 2 拍照监控模块开发(彩色拍照、黑白拍照)

(1) 功能描述。

基于任务 2 代码工程，实现类 MonitoringService.java 中 getPicture()函数功能。其中包括照片拍照、照片获取、照片黑白变化处理功能。

(2) 结果描述。

实时获取彩色照片和黑白照片并展示，并将获取图片在 PC 端 Web 界面中实时刷新。

(3) 任务 2 业务流程图。

任务 2 程序逻辑流程图如图 3.54 所示。

第 3 章 远程视频云台监控系统

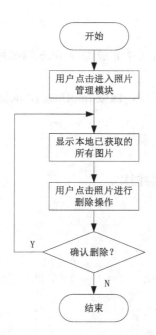

图 3.52 任务 3 程序逻辑流程图

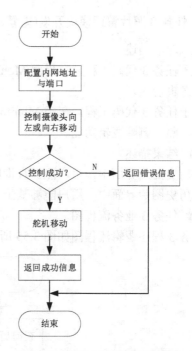

图 3.53 任务 1 程序逻辑流程图

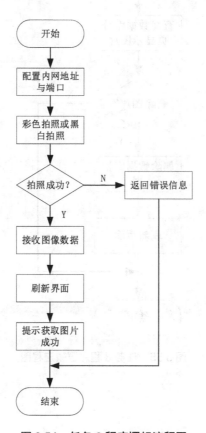

图 3.54 任务 2 程序逻辑流程图

3. 任务3 照片管理模块开发(查看、删除)

(1) 功能描述。

基于任务3代码工程，在界面 MonitoringService.java 中完成 Java Web 端照片查询、图片删除逻辑功能。

基于任务3代码工程，在类 MonitoringService.java 中，函数 findData()、delete()完成照片查询、照片删除逻辑功能。

(2) 结果描述。

在历史图片界面中，用户能够查询所拍摄图片。

在历史图片界面中，用户能够基于 Java Web 端删除图片。

(3) 任务3业务流程图。

任务3程序逻辑流程图如图 3.55 所示。

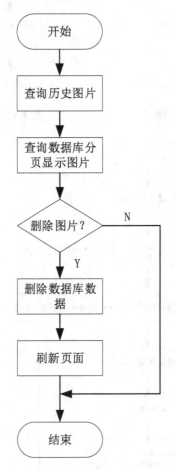

图 3.55　任务3程序逻辑流程图

3.4 课题参考评价标准

"远程视频云台监控系统"实训成绩评定表(百分制)

设计项目	内　　容	得　分	备　注
平时表现	工作态度、遵守纪律、独立完成设计任务		5分
	独立查阅文献、收集资料、制订项目设计方案和日程安排		5分
设计报告	电路设计、程序设计		10分
	测试方案及条件、测试结果完整性、测试结果分析		5分
	摘要、设计报告正文的结构、图表规范性		10分
仿真与系统调试	按照设计任务要求的功能仿真		10分
	按照设计任务要求在 NEWLab 正确连线		10分
	按照设计任务要求实现的功能		10分
	设计任务工作量、难度		10分
	设计创新		10分
实训项目答辩	学生采用 PPT 对所设计任务进行讲解,并回答指导教师所提出问题		15分
综合成绩评定		指导教师(签名):	

3.5 课题拓展

读者可以根据自己的兴趣实现拓展功能,拓展功能说明如下。
(1) 通过云平台远程视频传输,并实现手机远程监控。
(2) 采用蓝牙通信模式,与手机端配对,实现手机远程监控。

3.6 课题资源包

为方便读者及时查阅与课题相关参考资料,本书提供了课题资源包。课题资源包索引图如图 3.56 所示。读者实战演练课题时,可根据资源包索引查阅相关资料。

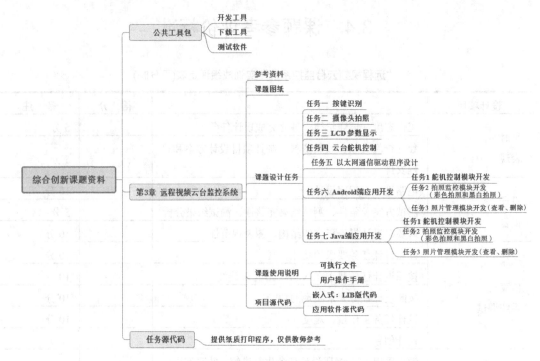

图 3.56 课题资源包索引图

(扫一扫，获取精美课件、课题图纸及参考资料)

第4章 语音识别控制系统

【课题概要】语音识别是一门交叉学科。近20年来,语音识别技术取得显著进步,开始从实验室走向市场。人们预计未来10年内,语音识别技术将进入工业、家电、通信、汽车电子、医疗、家庭服务、消费电子产品等各个领域。语音识别听写机在一些领域的应用被美国新闻界评为1997年计算机发展10件大事之一。很多专家都认为语音识别技术是2000—2010年信息技术领域十大重要的科技发展技术之一。语音识别技术所涉及的领域包括信号处理、模式识别、概率论和信息论、发声机理和听觉机理、人工智能等。

语音识别的应用领域非常广泛,常见的应用系统有语音输入系统,相对于键盘输入方式,它更符合人的日常习惯,也更自然、更高效;语音控制系统,即用语音来控制设备的运行,相对于手动控制来说更加快捷、方便,可以用在诸如工业控制、语音拨号系统、智能家电、声控智能玩具等许多领域;智能对话查询系统,可根据客户的语音进行操作,为用户提供自然、友好的数据库检索服务,例如家庭服务、宾馆服务、旅行社服务系统、订票系统、医疗服务、银行服务、股票查询服务等。

语音识别控制系统课题定位于本科院校以及高等职业院校的教学、综合实验、创新科研、课程设计、创客教育、竞赛培训、综合技能培训等领域,配合NEWLab基础教学设备,形成课堂内外有益的补充。本课题主要涉及语音识别技术、嵌入式系统开发、语音处理、Wi-Fi通信技术、云服务器数据实时传输、手机App程序设计开发、PC端程序设计开发等专业知识点。

【课题难度】★★★★

4.1 课题描述

语音识别是物联网技术的重要组成部分。近年来,语音识别技术已经覆盖了社会应用的各个方面,如社交软件、机器识别、人工智能、智能家居等。本课题通过采用语音识别技术,将其应用于智能家居控制领域,实现机器对语音的感知和识别,并构建完整的物联网应用系统。

语音识别控制系统可实现本地控制与远程控制功能。本地控制通过语音模块连接的麦克风输入音频控制指令,例如"开始""停止"等指令信息,实现嵌入式设备控制执行设备:指示灯、电控锁、电风扇执行相应动作;远程控制通过手机 App 或 PC 端软件的语音识别软件,进行如"开始""停止""开门""关门"等语音识别,通过识读软件识别语音,并转换成汉字信息,汉字信息通过 Wi-Fi 模块把文字资料送入终端,控制指示灯、电控锁、电风扇执行开启与关闭动作。

课题融合了应用电子、嵌入式、计算机、物联网应用等多项技术,贴近市场实际应用,具有一定的代表性,且能充分培养学生理论联系实际能力与创新能力。该课题可应用于物联网综合应用、综合实训、嵌入式开发综合课程设计、创新创客教育、毕业设计、校内学科竞赛等实践教学环节。实践教学过程中,指导老师可根据学生的专业特点,侧重选择某个知识面进行实战演练。

4.2 课题分析

4.2.1 语音识别控制系统硬件设计方案

1. 语音识别控制系统硬件总体设计方案

语音识别控制系统课题采用 STM32 作为主控芯片,系统主要包括 Cortex M3 核心模块、语音识别与语音播报模块、继电器控制模块、有源音箱模块、执行设备模块、Wi-Fi 通信模块、手机客户端、PC 客户端等组成。语音识别控制系统硬件总体框图如图 4.1 所示。

2. 语音识别与播报硬件拓扑结构图

语音识别控制系统硬件拓扑结构图如图 4.2 所示。

3. 语音识别控制系统硬件接线示意图

(1) 语音识别模块硬件接线示意图如图 4.3 所示。
(2) Wi-Fi 通信模块硬件接线示意图如图 4.4 所示。

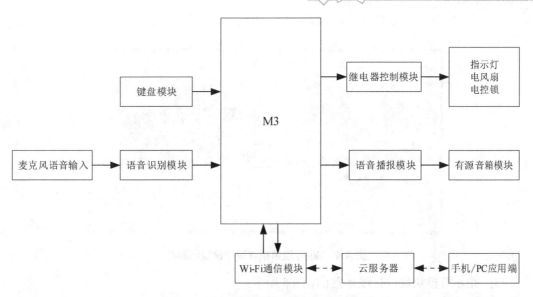

图 4.1　语音识别控制系统硬件总体框图

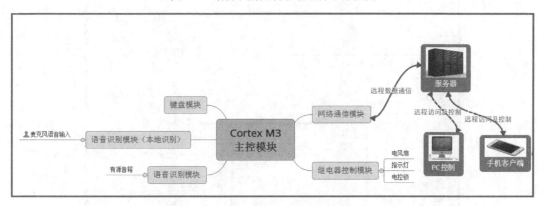

图 4.2　语音识别控制系统硬件拓扑结构图

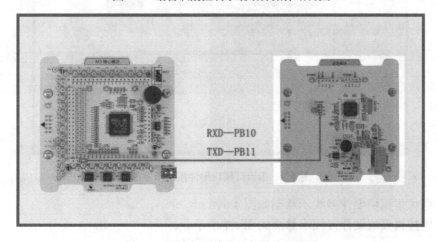

图 4.3　语音识别模块硬件接线示意图

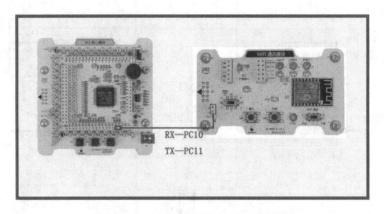

图 4.4　Wi-Fi 通信模块硬件接线示意图

(3) 指示灯模块硬件接线示意图如 4.5 所示。

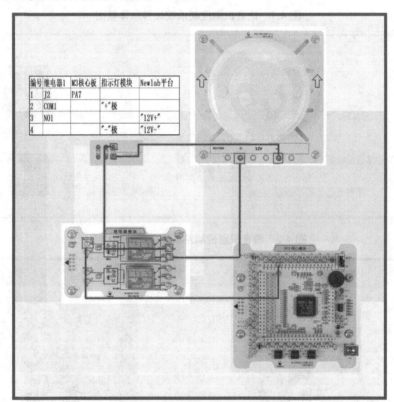

图 4.5　指示灯模块硬件接线示意图

(4) 电风扇模块硬件接线示意图如图 4.6 所示。
(5) 电控锁模块硬件接线示意图如图 4.7 所示。

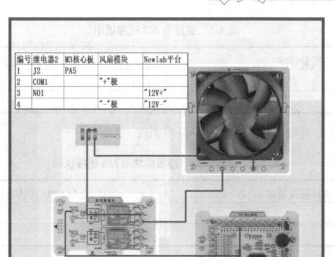

图 4.6　电风扇模块硬件接线示意图

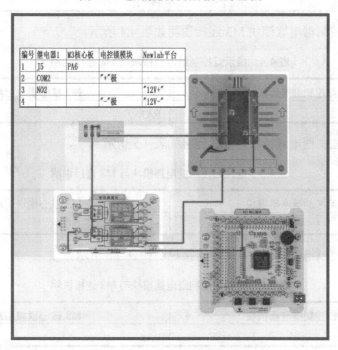

图 4.7　电控锁模块硬件接线示意图

4. 语音识别控制系统各模块与 M3 引脚接线定义

(1) 键盘与 M3 连接说明如表 4.1 所示。

表 4.1　键盘与 M3 连接说明

按键模块	M3 核心模块引脚
KEY_1	PC13
KEY_2	PD13

(2) 语音识别与播报模块与 M3 连接说明如表 4.2 所示。

表 4.2　语音识别与播报模块与 M3 连接说明

语音播报模块	M3 核心模块引脚
RX	PB10
TX	PB11

(3) Wi-Fi 通信模块与 M3 连接说明如表 4.3 所示。

表 4.3　Wi-Fi 通信模块与 M3 连接说明

Wi-Fi 通信模块	M3 核心模块引脚
RX	PC10
TX	PC11

(4) 指示灯控制继电器模块 M3 连接说明如表 4.4 所示。

表 4.4　指示灯控制继电器模块与 M3 连接说明

指示灯控制继电器模块	M3 核心模块引脚
J2	PA7

(5) 电风扇控制继电器模块与 M3 连接如表 4.5 所示。

表 4.5　电风扇控制继电器模块与 M3 连接说明

电风扇控制继电器模块	M3 核心模块引脚
J2	PA5

(6) 电控锁控制继电器模块与 M3 连接说明如表 4.6 所示。

表 4.6　电控锁控制继电器模块与 M3 连接说明

电控锁控制继电器模块	M3 核心模块引脚
J5	PA6

4.2.2　语音识别控制系统软件设计方案

1. 语音识别控制系统实现的功能概述

(1) 本地识别与控制。

通过板载语音模块识别本地语音，并把识别的结果通过 M3 核心模块控制对应的执行设备：指示灯、电控锁、电风扇的开启与关闭。

(2) 手机端识别与控制。

通过手机 App 调用内部识别接口，把识别后的语音转化为文字信息，通过 Wi-Fi 通信模块把文字信息上传云端服务器，本地终端获得信息后在本地进行信息解释，并根据解释的结果控制执行设备(指示灯、电控锁、电风扇)动作。

例如，当手机端识读"开门"语音信息后，手机 App 把开门信息远程传递到客户终端，待终端识别后，执行电控锁开启功能。

注意：本地识别控制和远程识别控制互相兼容，不能互相矛盾。比如通过本地识别控制的指示灯目前正在开启状态，如果此时有远程控制的"开启"指令，则指示灯保持开启状态不变；如果此时有远程控制的"关闭"指令，则关闭当前指示灯。

(3) 手机端软件实现功能。

手机端 App 软件实现功能如下。

- 手机端识别几个简单的控制指令，如"开锁""开灯""关灯""开风扇""关风扇""全部开启""全部关闭"等指令。
- 通用信息输出功能。手机端识别语音信息，通过云服务器传送到终端，终端根据信息内容转置文字信息，通过音箱播放出来。例如：手机端呼入"播放欢迎词"，嵌入式端转置播放"欢迎光临"；手机端播放"播放欢送词"，嵌入式端转置播放"谢谢光临"。
- 文本信息输出播放功能。在手机 App 端设置文本输入对话框，输入 10 个以内的任意字符，可实现远程语音播放。如对话框输入"今天是 2008 年 11 月 5 日，天气不错"，则远程终端同步播报该段字符串。

(4) PC 端识别与控制。

PC 端识别与控制参照手机端识别与控制描述。

(5) PC 端软件实现功能。

PC 端软件实现功能参照手机端软件实现功能描述。

2. 语音识别控制系统软件设计

语音识别控制系统软件设计分为嵌入式底层程序设计、应用软件层(手机端/PC 端)程序设计两部分。

(1) 语音识别系统整体架构。

语音识别控制系统整体架构主要由嵌入式底层、应用软件层、云平台层三部分组成，具体说明如下。

- 应用层功能包括获取三个执行设备"指示灯""电控锁""电风扇"的状态，并通过 UI 展示。用户可通过语音识别功能识别出命令码后，上传至云平台，下发至嵌入式设备。
- 底层所做的功能包括通过 Wi-Fi 模块将三种执行器状态通过 TCP 传输至云平台，并获取云平台下发的操作指令，用以控制执行设备。
- 云平台层：主要传递数据。

(2) 应用层架构。

应用层零层架构如图 4.8 所示。

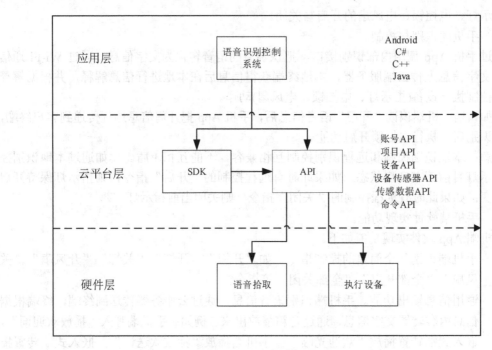

图 4.8　应用层零层架构

应用层一层架构如图 4.9 所示。

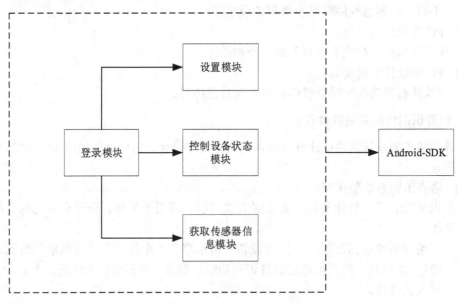

图 4.9　应用层一层架构

(3) 语音识别控制系统程序逻辑流程图。
嵌入式端业务流程图如图 4.10 所示。

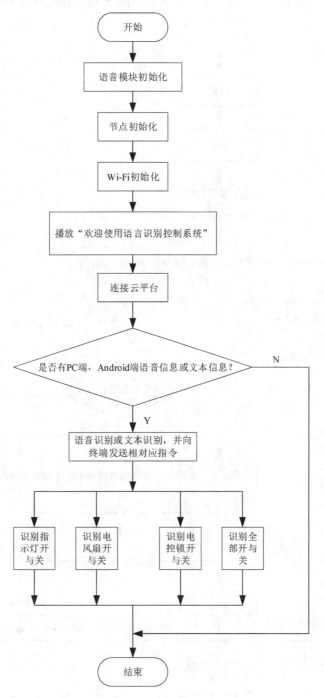

图 4.10　嵌入式端业务流程图

手机 App 业务流程图如图 4.11 所示。
PC 应用端程序业务流程图参考手机 Android 应用端程序业务流程图。

3. 语音识别控制系统手机 App 界面设计

（1）App 安装成功后，用户可直接点击手机 App 应用图标运行该应用。

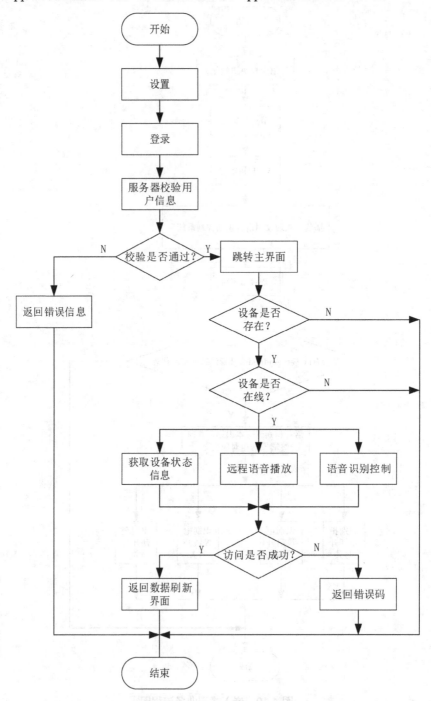

图 4.11　手机 App 业务流程图

（2）用户点击应用图标 🎤 开启应用后，进入语音识别控制系统主界面。欢迎界面如图 4.12 所示。

(3) 在欢迎界面，点击"开启应用"按钮进入登录界面，如图 4.13 所示。账户信息为用户在云平台上注册的账户信息。

图 4.12　欢迎界面

图 4.13　登录界面

(4) 在登录界面中，点击右上角的"："按钮进入设置界面。设置界面如图 4.14 所示；设置界面(修改配置)如图 4.15 所示。

图 4.14　设置界面

图 4.15　在设置界面修改配置

说明：在设置界面中，应用提供以下配置信息。
- IP 地址：api.nlecloud.com。
- 端口号：80。
- 设备 ID：由每个用户在云平台上注册后，自身构建项目中的设备信息。

备注：设备 ID 和传感器标识，每个项目在具体开发过程中软件端的信息必须与自己云平台上构建的项目信息相一致。

(5) 在登录界面中，点击右上角的"关于我们"按钮进入关于界面，主要介绍公司信息。关于界面如图 4.16 所示。

(6) 登录成功后，则进入主界面。在主界面中可以进行语音的录制识别。手机 App 将识别到的文字指令发送到硬件端进行识别控制，如果是正确的命令则执行，不是正确的命令则将其删除，不予处理。

主界面中还可进行文字的编辑(支持最多十个字符)，编辑之后可以将文字发送到硬件端，发送完毕，硬件端将其进行语音播放。

主界面中会显示设备的在线状态和传感器的开关状态。

说明：App 不直接与硬件进行通信，均通过中间网络层(云平台)进行通信。当设备未在线时，则不显示其状态。传感器的状态图标只做显示用，不能进行单击操作。传感器的初始状态默认为开启状态。数据获取后，则会改变对应的状态。

主界面如图 4.17 所示。

图 4.16　"关于"界面

图 4.17　主界面

(7) 用户可点击"开始录音"按钮，点击之后会弹出一个对话框，之后则可进行语音的输入。此时对话框中的波形会随着音频信号的变化而改变，直至语音输入结束。

备注：支持的指令有开灯、关灯、开风扇、关风扇、开锁、关锁、开始、停止，播放欢迎词、播放欢送词。只要识别的文字中包含"开灯""打开灯""灯打开"都可以开启指示灯，电风扇、电控锁的控制类似。只要包含开始、停止，则与全部开始/停止效果相同。开启语音识别对话框如图 4.18 所示。

语音识别结束后，手机 App 将识别的结果发送至云平台，之后弹出框消失，同时将在页面显示识别后的文字供用户观察，即可查看识别的结果是否与期望值相一致。如果指令正确，则出现指令正确提示；如果指令错误，则出现指令错误提示。语音识别正确指令界面如图 4.19 所示；语音识别错误指令界面如图 4.20 所示。

设备离线时，设备状态将随之改变，同时无法进行其他的操作。语音识别设备离线界面如图 4.21 所示，语音识别设备不存在界面如图 4.22 所示。

(8) 用户可在主界面的对话框编辑输入文字(限制 10 个字符以内)。编辑成功后，点击"远程播放"按钮，则会出现对应的提示。发送文字成功界面如图 4.23 所示。

图 4.18 开启语音识别对话框　　图 4.19 语音识别正确指令界面　　图 4.20 语音识别错误指令界面

图 4.21 语音识别设备离线界面 图 4.22 语音识别设备不存在界面 图 4.23 发送文字成功界面

发送文字失败界面如图 4.24 所示。

(9) 用户登录成功后，则会开启一个服务。在后台实时获取设备上线状态与传感器的开关状态，每 5s 刷新一次。主界面根据数据刷新为对应的状态。刷新设备状态界面如图 4.25 所示。

4. 语音识别控制系统 PC 端界面设计

(1) 登录界面。

用户访问项目地址，进入登录界面。在登录之前，需要预先设置设备 ID。PC 端登录界面如图 4.26 所示。

图 4.24　发送文字失败界面

图 4.25　刷新设备状态界面

图 4.26　PC 端登录界面

(2) 设置界面。

在登录界面中，单击"设置"按钮设置登录参数。设置界面如图 4.27 所示。

图 4.27　设置界面

备注：设置时需要输入正确有效的设备 ID，并且该设备 ID 必须是登录账号所属的设备 ID。

(3) 主界面。

登录成功后，用户进入主界面，主界面可进行语音识别的相关操作。单击"开始录音"按钮后，将会弹出一个窗口。在该窗口可进行语音输入，程序语音识别后，将用户输入的语音转换为文字，并将文字在弹窗和主界面显示。用户可从中了解已输入的语音是否正确。程序将把识别出的文字命令发送到云平台，云平台再将其下发至硬件端，进行传感器的控制。如果发送的命令不在控制指令中，则弹出对应的提示。主界面如图 4.28 所示；开始语音识别界面如图 4.29 所示；指令发送成功界面如图 4.30 所示；指令发送失败界面如图 4.31 所示。

图 4.28　主界面

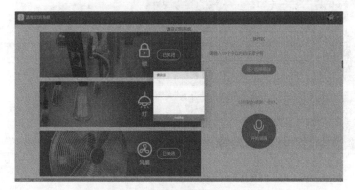

图 4.29　开始语音识别界面

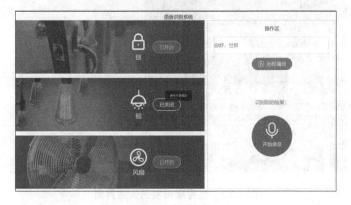

图 4.30　指令发送成功界面

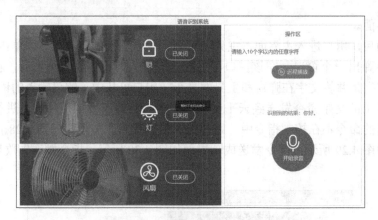

图 4.31　指令发送失败界面

在主界面中，可进行远程语音播报，用户可输入 10 个字符以内的文本内容。单击发送，将文本发送到云平台，云平台接收后，发送到硬件端，硬件端则播放文本内容，从而达到远程播放语音的效果。远程播报发送成功界面如图 4.32 所示；远程播报发送失败界面如图 4.33 所示。

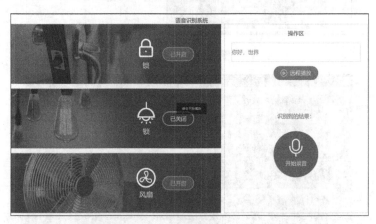

图 4.32　远程播报发送成功界面

图 4.33　远程播报发送失败界面

(4) 关于界面。

单击主界面右上角头像,可进入"关于我们"界面,查看公司的说明信息。关于界面如图 4.34 所示。

图 4.34 "关于我们"界面

5. 语音识别控制系统终端信息配置说明

语音识别项目的热点名称、密码、设备标识、传输秘钥等信息修改方式,不再通过嵌入式底层代码修改,而是采用新大陆教育有限公司提供的上位机操作工具,通过串口进行修改。上位机软件和使用方法在 V2.1 资料包中,具体操作说明如下。

(1) 安装物联网终端信息配置工具。

① 打开"语音识别控制系统"资料包文件夹,单击文件名"物联网终端信息配置工具安装",其界面如图 4.35 所示。

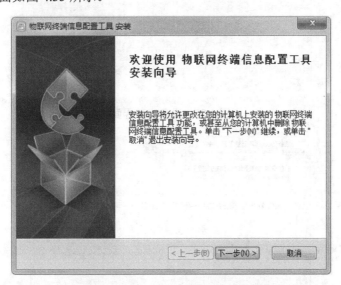

图 4.35 物联网终端信息配置工具安装界面

② 单击"下一步"按钮,选择安装文件夹。其界面如图 4.36 所示。

③ 单击"下一步"按钮,准备安装。其界面如图 4.37 所示。

④ 单击"安装"按钮,正在安装界面如图 4.38 所示;完成安装界面如图 4.39 所示。

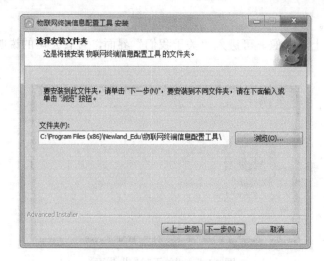

图 4.36 选择安装文件夹界面

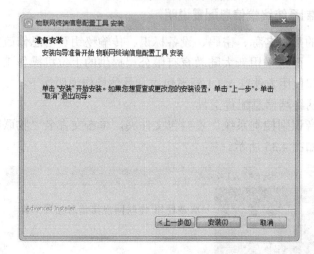

图 4.37 准备安装界面

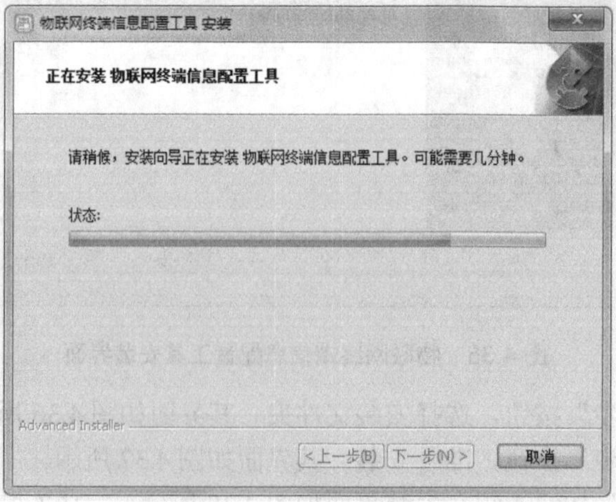

图 4.38 正在安装界面

图 4.39 完成安装界面

⑤ 单击"完成"按钮，完成物联网终端信息配置工具的安装。
(2) 物联网终端信息配置。
单击图标 ，出现物联网终端信息配置界面如图 4.40 所示。

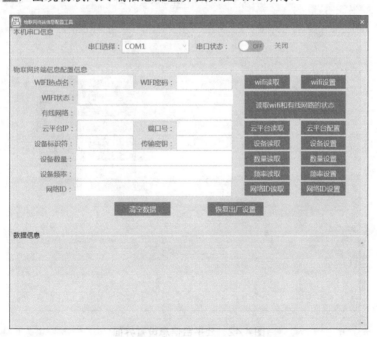

图 4.40 物联网终端信息配置界面

选择通信串口并打开，设置 Wi-Fi 信息与云平台信息。详细步骤说明如下。

① 在如图 4.41 所示界面中，依次填入"Wi-Fi 热点名""Wi-Fi 密码"，单击"Wi-Fi 设置"按钮后完成 Wi-Fi 信息设置。

② 在如图 4.42 所示界面中，依次填入"云平台 IP""端口号""设备标识符""传输密钥"，然后单击"云平台配置"按钮后完成云平台信息设置。

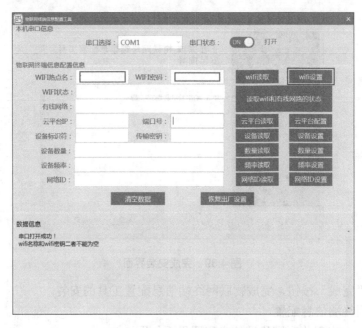

图 4.41　Wi-Fi 信息设置界面

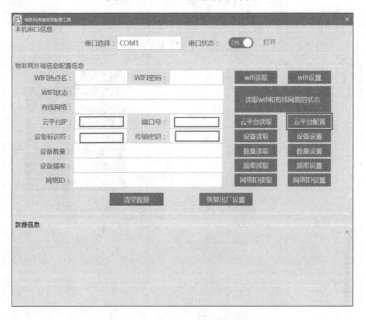

图 4.42　云平台信息设置界面

(3) 物联网终端信息配置说明。

① Wi-Fi 热点名称和密码配置说明。假设某学校实验室无线路由器的 Wi-Fi 名称为 "NewlandEdu"，Wi-Fi 密码为 "12345678"。若将语音识别控制系统连接到此 Wi-Fi，那么需将 Wi-Fi 热点名称设置为 "NewlandEdu"，Wi-Fi 密码设置为 "12345678"。

② 服务器 IP 地址和端口号宏配置说明。该配置用于指定 Wi-Fi 通信模块需要连接的服务器。服务器的端口号目前有三个可选：8600、8700、8800，由于系统使用的是 "北京

新大陆时代教育科技有限公司"的服务器，这里用户无须修改 IP 地址，如果端口号发生变更，则修改 IP 地址。

③ 设备标识与传输密钥宏定义说明。设备标识与传输密钥的值从云平台获取，这两个参数可在云平台中查询。因两个参数对于每个项目都不一样，所以用户使用时，必须修改成自己所做项目的"设备标识"和"传输密钥"，否则握手认证不成功或者会认证到其他项目中去。

(4) 云平台上新建项目说明。

① 用浏览器访问 http://www.nlecloud.com/。建议使用 Chrome 浏览器。云平台首页如图 4.43 所示。

图 4.43　云平台首页

② 单击首页右上角的"新用户注册"按钮，注册一个自己的账号(备注：如果已经有账号，则不需要注册，直接登录即可)。注册界面如图 4.44 所示。

③ 在开发者中心新建一个语音识别控制系统的项目。新增项目界面如图 4.45 所示。

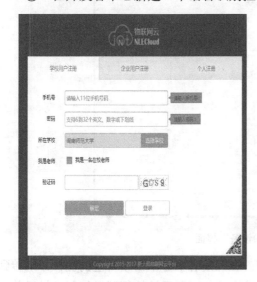

图 4.44　注册界面

图 4.45　新增项目界面

按添加项目界面填写好各个项目，然后单击"下一步"按钮。添加项目界面如图 4.46 所示。

图 4.46 "添加项目"界面

按添加设备界面填写设备名称、通信协议、设备标识等相关内容。填写"设备标识"时要注意,"设备标识"必须唯一,不能与其他用户重复。建议格式:Autorecongnition+number,最后单击"确定添加设备"按钮。添加设备界面如图 4.47 所示。

图 4.47 "添加设备"界面

④ 分别单击"设备 1"与"设备 2"按钮。在开发者中心单击设备区的图标,跳转到设备管理界面,并记录设备 ID、设备标识、传输密钥,以备后续编程开发使用。最后单击标题"语音识别控制系统"。单击"设备 1"操作界面如图 4.48 所示;单击"设备 2"操作界面如图 4.49 所示。

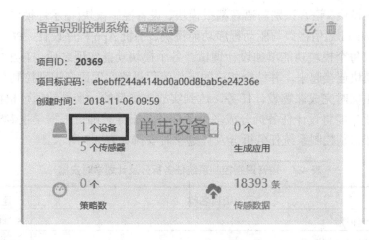

图 4.48 单击"设备 1"操作界面

图 4.49 单击"设备 2"操作界面

在设备传感器界面可创建传感器，如图 4.50 所示。

图 4.50 创建传感器界面

4.2.3 语音识别控制系统任务拆分及计划学时安排

由于语音识别控制系统覆盖的专业知识点较为广泛，增加了课题设计的复杂程度。因此，要结合系统实现的功能，对课题设计任务进行拆分。该课题可拆分成若干个功能模块，如按键输入功能模块、语音识别与语音播报模块、设备控制模块(指示灯模块、电风扇模块、电控锁模块)、Wi-Fi 通信接口与驱动程序功能模块、手机 App 程序设计、PC 端程序设计功能模块等，建议每个模块功能单独设计调试。各个模块功能实现之后，再根据系统总的工作流程把各个模块连接起来，并结合相应的工作流程最终实现语音识别控制系统的功能。

为保证学生按时完成课题设计任务，达到实战演练目的，指导教师可根据课题总体设计任务，按系统功能将设计任务拆分成多个子任务，指导教师可根据学生专业特点分配设计子任务。语音识别控制系统任务拆分及计划学时安排如表 4.7 所示。

表 4.7　语音识别控制系统任务拆分及计划学时安排

项目编号	项目名称		建议计划学时
任务一	按键识别		5 学时
任务二	语音识别与播报		10 学时
任务三	执行设备控制		5 学时
任务四	Wi-Fi 通信接口与驱动程序设计		5 学时
任务五	Android 端应用开发	任务 1 数据获取及显示模块开发	20 学时
		任务 2 命令控制及语音播报模块开发	
任务六	Jave 端应用开发	任务 1 登录模块开发	20 学时
		任务 2 数据展示模块开发	
		任务 3 远程播放模块开发	
		任务 4 语音识别模块开发	

4.3　课题任务设计

4.3.1　任务一　按键识别

功能描述：系统设有 KEY1 键与 KEY2 键。KEY1 键为语音提示开关按键，KEY2 键为开始本地语音识别按键。

1. 按键识别硬件电路设计

(1) 按键功能描述。

KEY1 键为语音提示开关按键。按下 KEY1 按键时，打开语音提示，再次按下关闭语音提示。开启语音提示时，系统会朗读本地语音识别的内容以及网络连接状态。

按下 KEY2 键时，开始本地语音识别功能。嵌入式端可以通过按下 KEY2 键，启动麦克风输入语音。通过与语音模块连接的麦克风输入音频控制指令，如输入"开始""停止"等指令信息，经嵌入式设备语音识别后，控制执行设备"指示灯""电控锁""电风扇"执行开启与关闭动作。

(2) 按键与 M3 接口电路。

按键 KEY1、KEY2 与 M3 接口电路如图 4.51 所示。

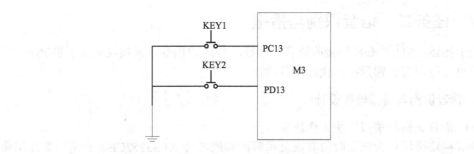

图 4.51 按键 KEY1、KEY2 与 M3 接口电路

按键与 M3 接线说明如下。
- KEY1 按键连接 M3 引脚 PC13。
- KEY2 按键连接 M3 引脚 PD13。

2. 按键识别软件设计

(1) 配置 M3 内部对应 PC13、PD13 引脚，设置为上拉输入模式。
(2) 扫描按键，多次定时扫描按键去抖，判断是否有键按下。
(3) 若有键按下，执行该键的功能。

按键识别软件流程图如图 4.52 所示。

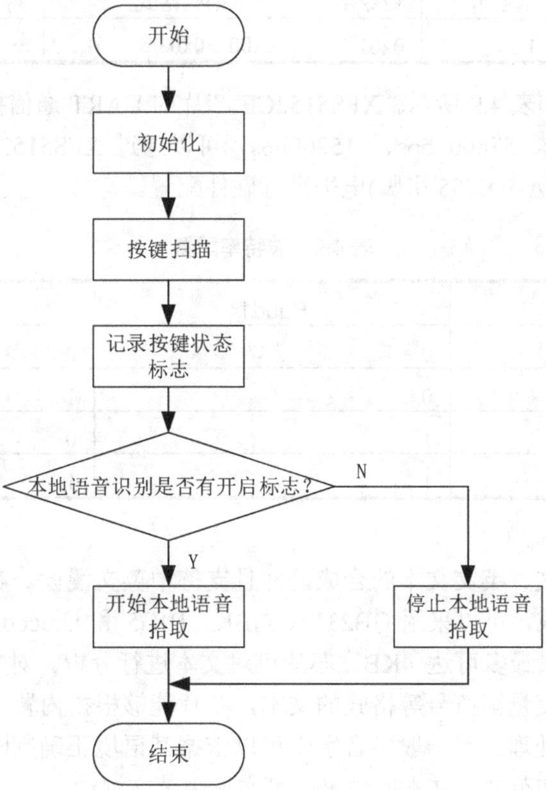

图 4.52 按键识别软件流程图

4.3.2 任务二 语音识别与播报

功能描述：M3 核心模块接收语音识别模块传送的指令，或接收来自手机/PC 应用端的文字信息，经语音识别后控制执行设备动作。

1. 语音识别与播报硬件设计

(1) 语音识别与播报模块工作原理。

语音模块采用科大讯飞股份有限公司解码编码芯片 XFS5152CE。它是一款高集成度的语音合成芯片，可实现中文、英文语音合成，同时该芯片集成了语音编码、解码功能，可支持用户进行录音和播放。除此之外，还创新性地集成了轻量级的语音识别功能，支持三十个命令词的识别，并且支持用户的命令词定制需求。

① 通信接口。XFS5152CE 芯片支持 UART 接口、I^2C 总线接口、SPI 总线接口三种通信方式，可通过 UART 接口、I^2C 接口或 SPI 接口接收上位机发送的命令和数据。允许发送数据的最大长度为 4K 字节。

② 语音合成如表 4.8 所示。

表 4.8 语音合成

帧头	数据区长度		数据区		
	高字节	低字节	命令字	文本编码格式	待合成文本
0xFD	1B	1B	0x01	0x00~0x03	……

③ 波特率配置如表 4.9 所示。XFS5152CE 芯片的 UART 通信接口支持四种通信波特率：4800bps、9600bps、57600 bps、115200bps，可以通过 XFS5152CE 芯片上的两个管脚 BAUD1(56 引脚)、 BAUD2(55 引脚)电平进行硬件配置。

表 4.9 波特率配置

波特率/bps	Baud1	Baud2
4800	0	0
9600	0	1
57600	1	0
115200	1	1

④ 功能描述如下。

- 支持任意中文、英文文本的合成，并且支持中英文混读。芯片支持任意中文、英文文本的合成，可以采用 GB2312、GBK、BIG5 和 Unicode 四种编码方式。每次合成的文本量最多可达 4KB。芯片可对文本进行分析。对常见的数字、号码、时间、日期、度量衡符号等格式的文本，芯片能够根据内置的文本匹配规则进行正确的识别和处理；对一般多音字也可以依据其语境正确判断读音；另外，针对同时包含中文和英文的文本的情况，可实现中英文混读。

- 支持语音编解码功能，用户可以使用芯片直接进行录音和播放。芯片内部集成了语音编码单元和解码单元，可进行语音的编码和解码，实现录音和播放功能。芯片的语音编解码具备高压缩率、低失真率、低延时性的特点，并且可以支持多种语音编码和解码速率。这些特性使它非常适合数字语音通信、语音存储以及其他需要对语音进行数字处理的场合，如车载微信、指挥中心等。
- 支持语音识别功能。可支持三十个命令词的识别。芯片出厂默认设置的是三十个车载、预警等行业常用识别命令词。客户如需要更改成其他可识别的命令词，可与芯片制造商事先说明，进行命令词定制。
- 芯片内部集成八十种常用提示音效。适合用于不同场合的信息提示、铃声、警报等功能。
- 支持 UART、I²C、SPI 三种通信方式。UART 串口支持四种通信波特率：4 800bps、9 600bps、57 600bps、115 200bps，用户可以依据实际应用情况，通过硬件配置选择自己所需的波特率。
- 支持多种控制命令。如合成文本、停止合成、暂停合成、恢复合成、状态查询、进入省电模式、唤醒等。控制器通过通信接口发送控制命令，可以对芯片进行相应的控制。芯片的控制命令非常简单易用，例如：芯片可通过统一的"合成命令"接口播放提示音和中文文本，还可以通过标记文本实现对合成的参数设置。
- 支持多种方式查询芯片的工作状态。多种方式查询芯片的工作状态，包括查询状态管脚电平、通过读取芯片自动返回的工作状态字、发送查询命令获得芯片工作状态的回传数据。

⑤ 语音芯片结构图如图 4.53 所示。

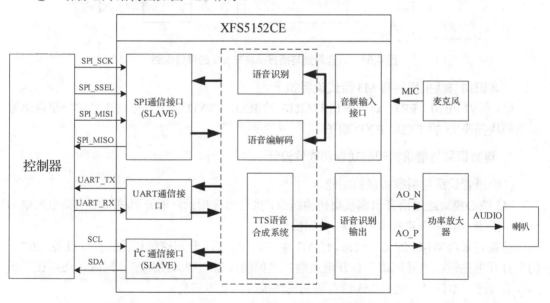

图 4.53 语音芯片结构图

⑥ 通信协议详见"XFS5152CE 语音合成芯片用户开发指南 V1.2"。
⑦ 语音识别词组命令词如表 4.10 所示。

表 4.10 语音识别词组命令词表

命令词(共 30 个)				
我在吃饭	我在修车	我在加油	正在休息	同意
不同意	我去	现在几点	今天几号	读信息
开始读	这是哪儿	打开广播	关掉广播	打开音乐
关掉音乐	再听一次	再读一遍	大声点	小声点
读短信	读预警信息	明天天气怎么样	紧急预警信息	开始
停止	暂停	继续读	确定开始	取消

(2) 语音识别与播报模块与 M3 接口电路。

语音识别与播报模块与 M3 的接口电路如图 4.54 所示。

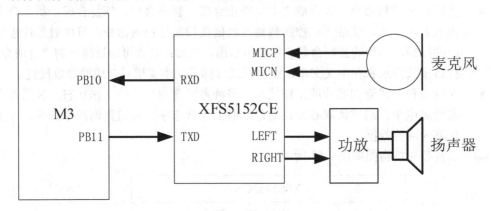

图 4.54 语音识别与播报模块与 M3 的接口电路

语音识别与播报模块与 M3 接线说明如下。

M3 引脚 PB10、PB11 对应串口 UART3 的 RXD、TXD 端子，分别连接实验平台语音识别模块插座 J5 的 TXD、RXD 端子。

2. 语音识别与播报实现的功能和软件设计

(1) 语音识别与播报实现的功能。

M3 核心模块通过语音识别模块传输指令，执行相应指示灯的开启/关闭操作、电风扇的开启/关闭操作，以及电控锁的开启/关闭操作。

接收到来自 Wi-Fi 的文字信息，经 M3 单片机识别后，分别控制相应的执行设备，如"开门"打开电控锁；"开风扇"打开电风扇；"关闭风扇"则关闭风扇。同时，还可在手机 App 端发送文本信息，通过 M3 语音识别模块播放该文本信息。

(2) 语音识别与播报软件设计。

语音识别与播报软件流程图如图 4.55 所示。

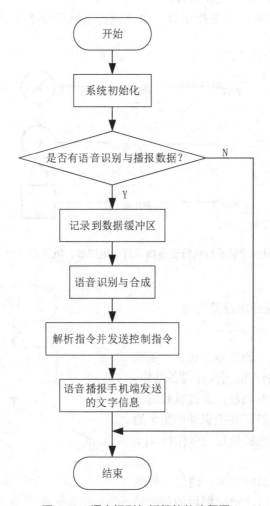

图 4.55 语音识别与播报软件流程图

4.3.3 任务三 执行设备控制

1. 执行设备硬件电路设计

(1) 执行设备简介。

语音识别控制系统采用语音识别模块解析本地或远程传输过来的指令及文字信息,通过 M3 单片机控制执行设备的开启与关闭,从而实现本地或远程控制执行设备动作的功能。

语音识别控制系统执行设备由指示灯、电控锁与电风扇三类设备组成。这三类执行设备均采用直流 12V 电源供电。

(2) 执行设备与 M3 接口电路设计。

语音识别控制系统执行设备指示灯、电控锁、电风扇与 M3 接口电路框图如图 4.56 所示。

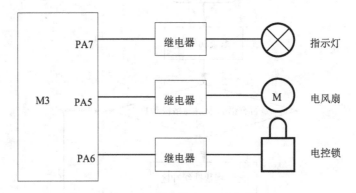

图 4.56 语音识别控制系统执行设备指示灯、电控锁、电风扇与 M3 接口电路框图

2. 执行设备软件设计思路及流程

(1) 执行设备软件设计思路。

语音识别控制系统可通过本地识别、手机 App 端、PC 端远程识别，控制执行设备动作。

① 本地识别与控制功能：通过板载语音模块，硬件识别本地语音，并把识别的结果通过 M3 核心模块控制对应的执行设备(指示灯、电风扇、电控锁)动作。

② 手机 App 端识别功能：通过手机端 App，调用内部识别接口，把识别后的语音转化为文字信息，通过 Wi-Fi 通信模块把文字信息上传云端服务器，本地终端获得信息后在本地进行信息解释，并把解释的结果通过 M3 端控制执行设备动作。

③ PC 端识别功能：PC 端识别功能参照手机 App 端识别功能。

(2) 执行设备软件设计流程。

执行设备软件流程图如图 4.57 所示。

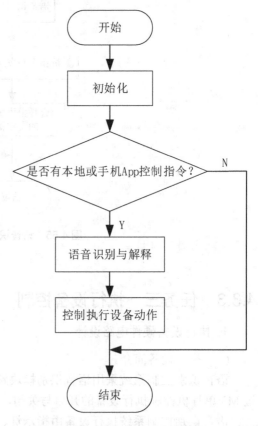

图 4.57 执行设备软件流程图

4.3.4 任务四 Wi-Fi 通信接口与驱动程序设计

功能描述：系统对 Wi-Fi 通信模块 ESP8266 参数以及工作模式进行配置，通过云平台实现硬件层与应用层的数据传输。

1. Wi-Fi 通信接口电路硬件设计

关于 Wi-Fi 通信模块简介、主要特点、固件下载说明，以及 Wi-Fi 通信模块与 M3 接口电路连接定义均与第 2 章 2.3.4 任务五完全相同，为避免内容重复，相关内容在此省略，读者可查阅相关章节。

2. Wi-Fi 通信驱动程序设计

Wi-Fi 通信驱动程序流程图如图 4.58 所示。

4.3.5 任务五 Android 端应用开发

1. 任务 1 数据获取及显示模块开发

（1）功能描述。

基于现有的代码工程，在服务类 Myservice.java 中，完成设备状态和三个传感器数据的获取，并展示。

- 传感器 1：电风扇状态。
- 传感器 2：电控锁状态。
- 传感器 2：指示灯状态。

在线程 timescheduled 内，实现设备状态与传感器状态的获取，并且将其传回到主界面。采用 ActivityUiDialog.java 的@Subscribe(threadMode = ThreadMode.MAIN)public void onEvent(final EvenMsg msg)重载方法，进行状态的变化更新。

备注：函数说明如下。

- @Subscribe(threadMode=ThreadMode.MAIN) public void onEvent(final EvenMsg msg)：Evenbus 的数据接收函数，所有的状态都在这里进行更新。
- NetWorkBusiness：接口类已经将所需要的接口封装完毕，只需要填入对应的参数即可使用。请注意查看备注信息，确保填入的数据符合规则。
- Constant.SearchOrder(String)：发送语音控制指令前，将指令过滤。

（2）结果描述。

在界面 ActivityUiDialog.java 中，通过语音控制传感器的状态值，动态显示状态的变化。

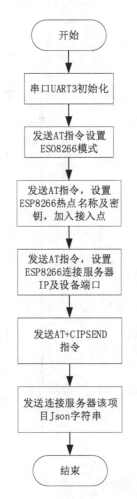

图 4.58 WiFi 通讯驱动程序流程图

(3) 任务 1 业务流程图。

根据任务 1 功能描述，其业务流程图如图 4.59 所示。

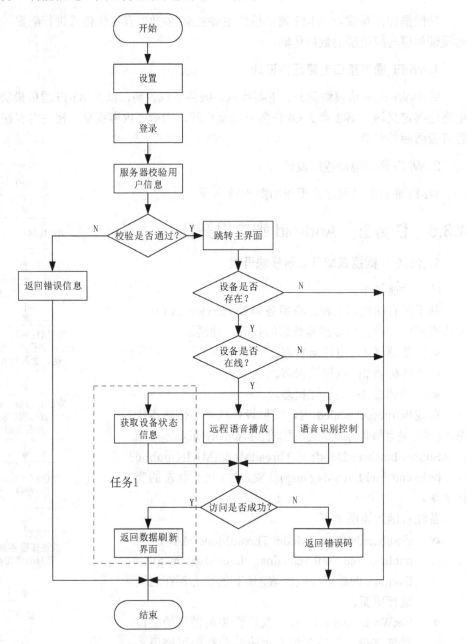

图 4.59　任务 1 业务流程图

2. 任务 2　命令控制及语音播报模块开发

(1) 功能描述。

基于现有的代码工程，在界面 ActivityUiDialog.java 中，完成 Android 端对远程设备的调控与语音播报，实现函数 Recog(String) 与 Play() 的逻辑功能。

(2) 结果描述。

在界面 ActivityUiDialog.java，用户基于 Android 端实时控制传感器，实时刷新 UI，并且实现语音播放功能。

(3) 任务 2 业务流程图。

根据任务 2 功能描述，其业务流程图如图 4.60 所示。

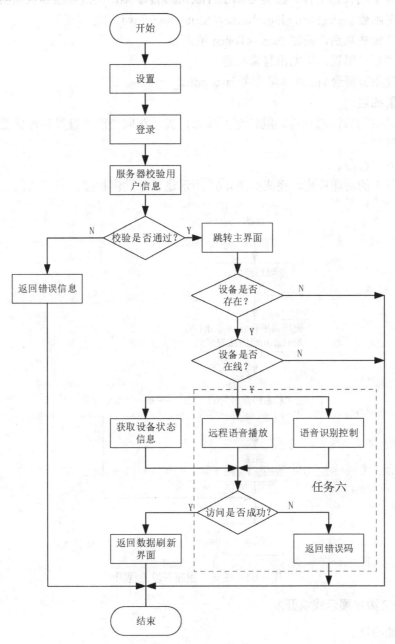

图 4.60　任务 2 业务流程图

4.3.6 任务六 Java端应用开发

1. 任务1登录模块开发

(1) 功能描述。

基于任务1的代码工程，在类 UserServiceImpl.java 中，完成登录新大陆物联网云平台操作，并实现函数 login(String loginName，String loginPwd)的相应逻辑。

- 在登录成功后，需将 AccessToken 值返回。
- 如果登录错误，则抛出异常状态。

备注：使用云平台 api 时，可参考 java_sdk。

(2) 结果描述。

用户登录成功后，通知前端跳转至主页面，实时获取当前项目设备传感器和执行设备的状态值信息。

(3) 业务流程图。

按照任务1的功能描述，完成如图4.61所示逻辑开发流程图。

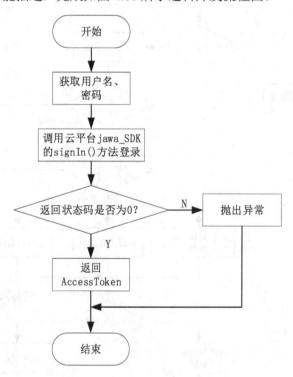

图 4.61 任务 1 逻辑开发流程图

2. 任务2数据展示模块开发

(1) 功能描述。

基于任务2的代码工程，在类 InfoServiceImpl.java 完成数据的获取，实现函数 getDeviceInfo(String token，String deviceId)的逻辑功能。获取的相关数据如下。

- 数据1：设备在线状态。

- 数据 2：电风扇状态。
- 数据 3：指示灯状态。
- 数据 4：电控锁状态。

(2) 结果描述。

用户开发任务完成后，实时获取四个数据并展示，同时将获取的数据在 PC 端 Web 界面中实时刷新。

(3) 业务流程图。

按照任务 2 的功能描述，完成如图 4.62 所示逻辑开发流程图。

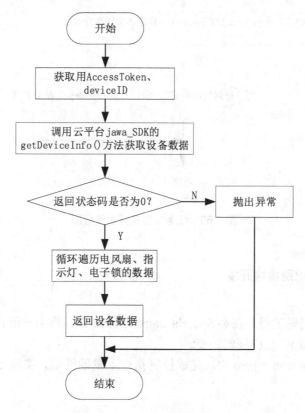

图 4.62　任务 2 逻辑开发流程图

3. 任务 3 远程播放模块开发

(1) 功能描述。

基于任务 3 的代码工程，在类 RemoteService.java 中，完成 Java Web 端远程播放功能，实现函数 remotePlay ()的相应逻辑。

(2) 结果描述。

用户在对话输入框内编辑播放的文字信息，并发送至硬件设备进行语音播放。

(3) 业务流程图。

按照任务 3 的功能描述，完成如图 4.63 所示逻辑开发流程图。

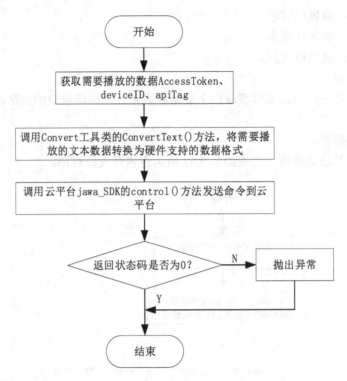

图 4.63　任务 3 逻辑开发流程图

4．任务 4 语音识别模块开发

（1）功能描述。

基于任务 4 的代码工程，在类 SpeechController.java 中，将用户语音转换成可识别的文字指令，实现 upload() 的相应逻辑功能。

在类 RemoteController.java 中，完成控制指令下发硬件端，实现 control() 的相应逻辑功能。

（2）结果描述。

在主界面，用户下发语音指令，经后台识别，将语音转换为文字信息，并返回显示。

将文字指令下发至硬件端，对指示灯、电控锁、电风扇进行控制。

（3）业务流程图。

按照任务 4 的功能描述，完成如图 4.64、图 4.65 所示逻辑开发流程图。

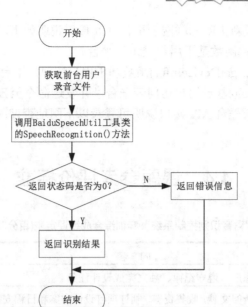

图 4.64 语音识别逻辑开发流程图

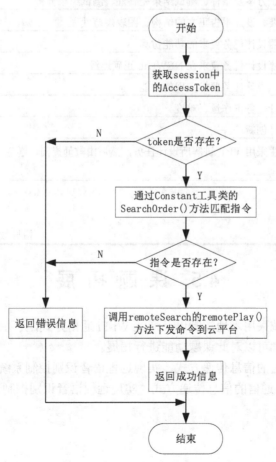

图 4.65 语音控制逻辑开发流程图

备注：函数说明以及新大陆物联网云平台 API 接口说明如下。
- signIn()：signIn()函数基于用户登录云平台。
- getDeviceInfo()：getDeviceInfo()函数基于用户访问云平台，获取执行设备信息。
- control()：control()基于用户访问云平台，并发送命令至云平台。
- 新大陆物联网云平台 API 接口说明可登录以下网址查询：http://www.nlecloud.com/doc/api。

4.4 课题参考评价标准

"语音识别控制系统"实训综合成绩评定表(百分制)

设计项目	内　容	得　分	备　注
平时表现	工作态度、遵守纪律、独立完成设计任务		5 分
	独立查阅文献、收集资料、制订项目设计方案和日程安排		5 分
设计报告	电路设计、程序设计		10 分
	测试方案及条件、测试结果完整性、测试结果分析		5 分
	摘要、设计报告正文的结构、图表规范性		10 分
仿真与实物制作	按照设计任务要求的功能仿真		10 分
	按照设计任务要求在 NEWLab 正确连线		10 分
	按照设计任务要求实现的功能		10 分
	设计任务工作量、难度		10 分
	设计创新		10 分
实训项目答辩	学生采用 PPT 讲解所设计任务，然后由教师提问，学生答辩		15 分
综合成绩评定			

指导教师(签名)：

4.5 课题拓展

语音识别控制系统采用本地控制以及通过 Wi-Fi 通信方式，实现手机 App 端与 PC 端远程控制，有兴趣的同学可以对此课题功能进行拓展。

(1) 采用蓝牙通信的信息传递方式，实现远程语音识别控制系统功能。
(2) 采用 NB-IoT 通信的信息传递方式，实现远程语音识别控制系统功能。

4.6 课题资源包

为方便师生及时查阅与课题有关的参考资料，本书提供了课题资源包。课题资源包内容索引如图 4.66 所示。学生实战演练课题时，可根据资源包索引查阅相关资料。

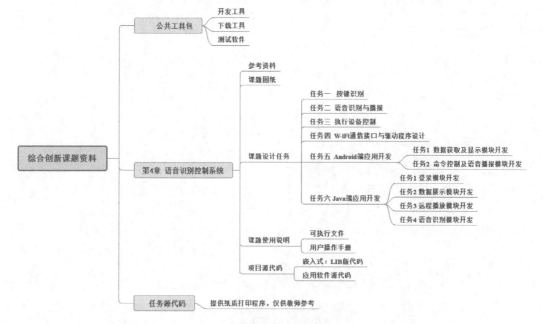

图 4.66 课题资源包内容索引

(扫一扫，获取精美课件、课题图纸及参考资料)

第 5 章 车牌识别系统

【课题概要】车牌识别系统(Vehicle License Plate Recognition，VLPR)是计算机视频图像识别技术在车辆牌照识别中的一种应用。车牌识别系统在高速公路车辆管理中得到广泛应用，电子不停车收费系统(ETC)中，是结合专用短程通信技术(Dedicated Short Range Communications，DSRC)识别车辆身份的主要手段。

车牌识别技术要求能够将运动中的汽车牌照从复杂背景中提取并识别出来，通过车牌提取、图像预处理、特征提取、车牌字符识别等技术，识别车辆牌号、颜色等信息。目前最新的技术水平对字母和数字的识别率可达到 99.7%，汉字的识别率可达到 99%。

在停车场管理中，车牌识别技术也是识别车辆身份的主要手段。车牌识别技术结合电子不停车收费系统(ETC)识别车辆，过往车辆通过道口时无须停车，即能够实现车辆身份自动识别、自动收费。在车场管理中，为提高出入口车辆通行效率，车牌识别系统针对无须收停车费的车辆(如月卡车、内部免费通行车辆)，建设无人值守的快速通道，免取卡、不停车的出入体验，正改变出入停车场的管理模式。

本课题依据真实的市场需求，依托于嵌入式系统、计算机科学与技术、通信网络、多媒体等技术，有助于提高在校师生科研、实践教学与创新能力，为今后从事相关的研发工作打下坚实的基础。

车牌识别系统课题定位于本科院校以及高等职业院校的教学、综合实验、创新科研、综合课程设计、创客教育、竞赛培训、综合技能培训等领域，配合 NEWLab 基础教学设备，形成课堂内外有益的补充。本课题主要涉及图像处理技术、嵌入式系统开发、Wi-Fi 通信技术、云服务器数据实时传输、PC 端上位机程序设计开发、手机 App 远程控制软件开发等专业知识点。

【课题难度】★★★★★

5.1 课题描述

车牌识别系统(Vehicle License Plate Recognition,VLPR)是指检测受监控路面的车辆并自动提取车辆牌照信息(含汉字字符、英文字母、阿拉伯数字及号牌颜色)进行处理的技术。车牌识别系统是现代智能交通系统中的重要组成部分,应用十分广泛。它以数字图像处理、模式识别、计算机视觉等技术为基础,对摄像机所拍摄的车辆图像或者视频序列进行分析,得到每一辆汽车的车牌号码,从而完成识别过程。通过后续处理手段可以实现停车场收费管理、交通流量控制、车辆定位、汽车防盗、高速公路超速自动化监管、电子警察、公路收费等功能。对于维护交通安全和城市治安,防止交通堵塞,实现交通自动化管理具有重要的现实意义。

汽车牌照号码是车辆的身份标志。牌照自动识别技术可以在汽车不做任何改动的情况下,实现汽车身份的自动登记及验证,这项技术已经应用于公路收费、停车管理、称重系统、交通诱导、交通执法、公路稽查、车辆调度、车辆检测等各种场合。

车牌识别系统课题的工作原理是:摄像头采集车牌图像,M3 端将车牌图像通过 USB 传输到 PC 端,PC 端基于 OpenCV 实现车牌识别,并将车牌信息上报至云平台,同时将车牌识别结果回传至 M3 端,通过语音播报模块播放车牌信息;Android 端通过云平台实现远程监控。当 PC 端识别的车牌信息上报到云平台时,Android 端获取车牌信息,并在界面中展示,同时语音播报车牌信息。

车牌识别系统课题应用实践教学环节:物联网技术与应用综合实训、嵌入式系统开发课程设计、应用软件开发综合实训、学科竞赛培训、毕业设计等。课题可应用于自动化、物联网、嵌入式系统、应用电子技术、测控技术与仪器、电子信息工程等相关专业。在实践教学过程中,指导教师根据学生专业特点,侧重选择某个知识面进行实战演练。

5.2 课题分析

5.2.1 车牌识别系统总体设计方案

1. 车牌识别系统硬件设计方案

车牌识别系统采用 STM32 作为主控芯片,系统主要包括摄像头模块、TFT 液晶显示屏模块、语音播报模块、上位机 PC 端、手机客户端等。车牌识别系统硬件总体设计框图如图 5.1 所示。

2. 车牌识别系统拓扑结构图

车牌识别系统拓扑结构图如图 5.2 所示。

3. 车牌识别系统硬件模块接线示意图

车牌识别系统硬件模块接线示意图如图 5.3 所示。

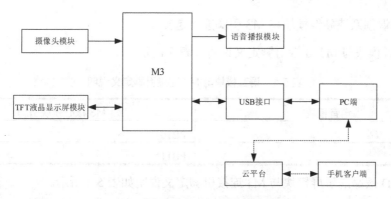

图 5.1　车牌识别系统硬件总体设计框图

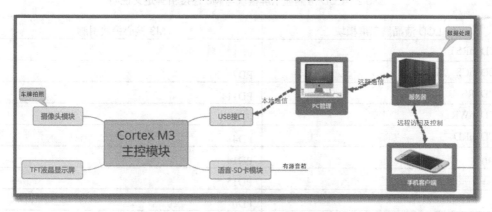

图 5.2　车牌识别系统拓扑结构图

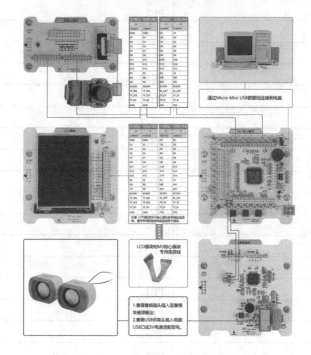

图 5.3　车牌识别系统硬件模块接线示意图

4. 车牌识别系统硬件模块与 M3 引脚连接定义

(1) 语音模块与 M3 连接引脚定义说明如表 5.1 所示。

表 5.1 语音模块与 M3 连接引脚定义说明

语音模块	M3 核心模块引脚
RXD	PB10
TXD	PB11

(2) LCD 液晶显示屏模块与 M3 连接引脚定义说明如表 5.2 所示。

表 5.2 LCD 液晶显示屏模块与 M3 连接引脚定义说明

LCD 液晶显示屏模块	M3 核心模块引脚
LCD_nRST	PD12
LCD_nCS	PD7
LCD_RS	PD11
LCD_nWR	PD5
LCD_nRD	PD4
DB0	PD14
DB1	PD15
DB2	PD0
DB3	PD1
DB4	PE7
DB5	PE8
DB6	PE9
DB7	PE10
DB8	PE11
DB9	PE12
DB10	PE13
DB11	PE14
DB12	PE15
DB13	PD8
DB14	PD9
DB15	PD10
TP_CS	PE0
TP_CLK	PE1
TP_SI	PE2
TP_SO	PE3
TP_IRQ	PB8
BL_CNT	PB9

(3) 摄像头模块与 M3 连接引脚定义说明如表 5.3 所示。

表 5.3 摄像头模块与 M3 连接引脚定义说明

摄像头模块	M3 核心模块引脚
WEN	PC5
RCLK	PC4
D7	PA7
D6	PA6
D5	PA5
D4	PA4
D3	PA3
D2	PA2
D1	PA1
D0	PA0
VSYNC	PC3
RRST	PC2
WRST	PC1
OE	PC0
SDA	PE6
SCL	PE5

5.2.2 车牌识别系统软件设计方案

1. 车牌识别系统实现的功能

(1) 嵌入式端实现功能。

M3 端接收 PC 端软件触发摄像头拍照命令，并将所拍车牌照片通过 USB 串口传输至 PC 端。

PC 端基于 OpenCV 图像处理软件对车牌图片进行识别，并将车牌识别结果通过 USB 串口传输至 M3 端，实现车牌信息语音播报。

(2) PC 端实现功能。

① 提供选择车牌照片。

- 在 PC 端单击"本地图片"按钮，上传车牌图片，同时进行车牌识别，并将车牌结果在 PC 端显示。
- 在 PC 端单击"远程拍照"按钮，触发底层 M3 端摄像头对车牌进行拍照，PC 端获取车牌照片并显示。
- 在 PC 端单击"远程监控"按钮，上报云平台后开始监控，并下发获取图片指令至底层 M3 端；Android 端获取云平台"监控"状态信息后，进入监控模式；底层 M3 端拍照成功后，发送图片至 PC 端；PC 端获取车牌照片后，进行车牌识别，并显示车牌识别结果；Android 端获取结束监控命令后，从云平台读取车牌信息，并在本地显示。

② 实现车牌照片识别(基于 OpenCV)。

③ 实现与底层 M3 端通信，并将车牌识别结果发送至 M3 端。

(3) Android 实现功能。

① Android 端采用云平台进行数据传输。当 Android 端获取到云平台(监控执行器值=1)开始监控指令后，Android 端进入监控模式。

② Android 端获取到云平台(监控执行器值=0)结束监控指令后，Android 端通过云平台获取车牌信息，并在页面上展示。

③ Android 端语音播报车牌信息。

2. 车牌识别系统软件设计

(1) 车牌识别系统整体架构。

车牌识别系统整体架构可分为三层。

- 应用层：PC 端实现本地车牌识别以及与底层 M3 端进行车牌图片数据通信；Android 端基于 PC 端实现手机端远程监控，同时展示并语音播报车牌信息。
- 云平台层：为应用层提供 SDK 及 API，支持 Android、Java、C#等语言。
- 硬件层：利用摄像头模块，实现远程车牌拍照与图像存储，并通过 USB 串口分包上传拍照图片至 PC 端，同时利用语音模块，实现车牌信息语音播报。

车牌识别系统整体架构如图 5.4 所示。

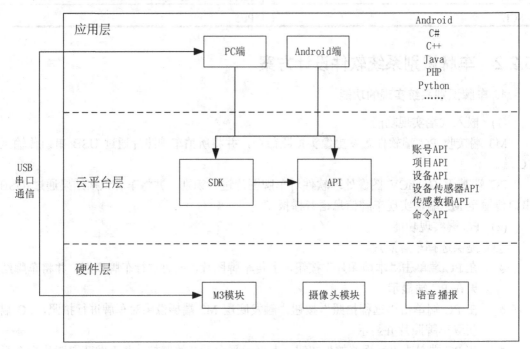

图 5.4 车牌识别系统整体架构

(2) PC 端一层架构。

车辆识别系统 PC 端架构分为 PC 端远程拍照架构和 PC 端远程监控架构。

PC 端远程拍照架构如图 5.5 所示。

图 5.5　PC 端远程拍照架构

PC 端远程监控架构如图 5.6 所示。

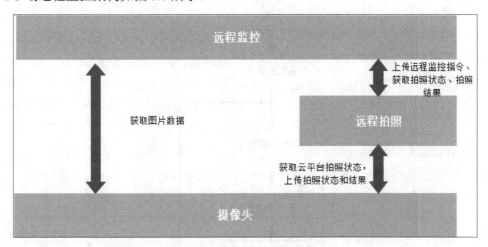

图 5.6　PC 端远程监控架构

(3) Android 端一层架构。

Android 端一层架构如图 5.7 所示。

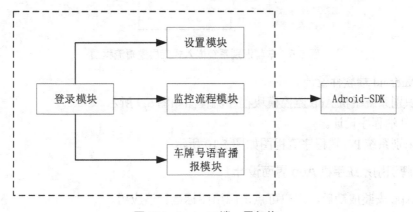

图 5.7　Android 端一层架构

(4) 车牌识别系统程序设计。
① 嵌入式端软件设计。

系统初始化后，首先连接云平台，LCD 显示 LOGO，然后进入主体任务。主体任务说明如下。

- 车牌拍照处理进程。采集摄像头所拍摄的车牌图像，存储于 LCD 液晶显示器 RAM 中，并在 LCD 显示屏上显示。
- 车牌图像与识别结果传输进程。将拍摄车牌图像经 USB 串口传输至 PC 端，并将 PC 端车牌识别结果经 USB 串口回传至 M3 端。
- 车牌识别结果上报云平台。传递车牌识别结果，完成车牌信息上报。
- 语音播报进程。基于 PC 端的车牌识别结果，实现本地语音播报。

车牌识别系统嵌入式底层逻辑流程图如图 5.8 所示。

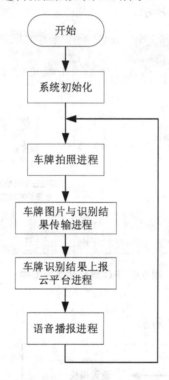

图 5.8　车牌识别系统嵌入式底层逻辑流程图

② Android 端软件设计。

车牌识别系统手机 App 监控模块程序流程图如图 5.9 所示。

(5) PC 端程序设计。

车牌识别系统 PC 端程序流程图如图 5.10 所示。

3. 车牌识别系统手机 App 界面设计

手机 App 安装成功后，用户可点击应用图标运行该应用。

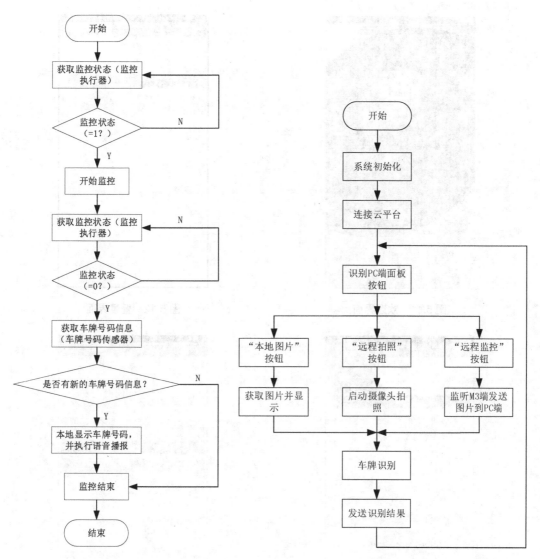

图 5.9　车牌识别系统手机 App
　　　　监控模块程序流程图

图 5.10　车牌识别系统 PC 端程序流程图

(1) 欢迎界面。

打开手机 App，出现欢迎界面，如图 5.11 所示。

(2) 登录界面。

在"欢迎界面"，点击"开启应用"按钮后，进入登录界面，如图 5.12 所示。

备注：账户信息为用户在云平台上所注册的账户信息。

(3) 设置模块。

在登录界面中，点击右上角的 menu 按钮后，进入设置界面。设置界面如图 5.13 所示；参数设置界面如图 5.14 所示。

图 5.11 欢迎界面

图 5.12 登录界面

图 5.13 设置界面

图 5.14 参数设置界面

说明：在设置界面中，应用提供以下配置信息。
- IP 地址：http://api.nlecloud.com。
- 端口号：80。
- 设备 ID：由每个用户在云平台上注册后，自身构建项目中的设备信息。
- 车牌信息传感器标识：Android 基于该标识至云平台获取车牌信息。
- 监控执行器标识：Android 基于该标识至云平台获取监控动作。

备注：对于设备 ID 和传感器标识，每个项目在具体开发过程中，应使软件端与自己在云平台上构建的项目信息相一致。

(4) 关于界面。

在登录界面中,点击右上角的 menu 按钮后,进入关于界面。该界面主要介绍版本信息及公司信息。关于界面如图 5.15 所示。

(5) 主界面。

登录成功后,进入应用主界面。主界面(结束监控状态)如图 5.16 所示。

主界面总共分为三个部分(从上到下)。

- 当前访问设备的状态(存在与否,在线与否)。
- 显示当前监控状态。
- 显示当前车牌信息。

当 Android 端收到监控指令时(基于云平台"监控执行器"获取),"1"表示开始监控;"0"表示结束监控。主界面(开始监控状态)如图 5.17 所示。

图 5.15　关于界面　　图 5.16　主界面(结束监控状态)　　图 5.17　主界面(开始监控状态)

当 Android 端收到云平台的一个完整的监控流程后[基于云平台"监控执行器",从开始监控(执行器值=1)至结束监控(执行器值=0)],一个车牌识别监控流程即结束。

当 PC 端识别车牌信息成功后,PC 端上报车牌信息至云平台(通过"车牌传感器"),Android 端获取车牌信息,并进行本地文本展示,同时语音播报车牌信息。

4. 车牌识别系统 PC 端界面设计

(1) JDK 软件安装。

① 首先在 Oracle 官网下载 JDK1.8 或以上版本。安装 JDK,选择安装目录。安装成功后,在安装目录下会生成两个文件夹。文件夹界面如图 5.18 所示。

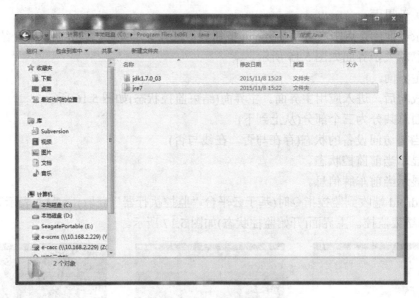

图 5.18　文件夹界面

② 安装完 JDK 后配置环境变量，配置环境变量界面如图 5.19 所示。

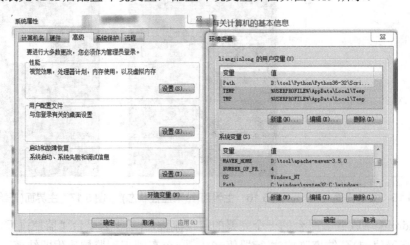

图 5.19　配置环境变量

③ 新增 JAVA_HOME 变量，变量值填写 JDK 的安装目录。变量值填写 JDK 的安装目录如图 5.20 所示。

④ 编辑 Path 变量。在变量值最后输入"%JAVA_HOME%\bin;%JAVA_HOME%\jre\bin"。注意原来 Path 的变量值末尾是否有"；"号，如果没有，则事先输入，最后输入上面的代码。编辑 Path 变量界面如图 5.21 所示。

⑤ 新建 CLASSPATH 变量，其值为 "%JAVA_HOME%\lib;%JAVA_HOME%\lib\tools.jar"。新建 CLASSPATH 变量界面如图 5.22 所示。

⑥ 系统变量配置完成后，检查是否配置成功。打开命令执行窗口，输入 java -version(java 和 -version 之间有空格)。若出现如图 5.23 所示内容，表示软件安装与配置成功。

图 5.20 变量值填写 JDK 的安装目录　　　图 5.21 编辑 Path 变量界面

图 5.22 新建 CLASSPATH 变量界面　　　图 5.23 JDK 软件安装成功提示界面

(2) TOMCAT 软件安装。

TOMCAT 软件安装步骤如下。

① 登录官网 http://tomcat.apache.org/，下载 TOMCAT7.0 或以上版本。

② 解压压缩包。

③ 启动 TOMCAT。在 apache-tomcat-7.0.68\bin 目录下，双击"startup.bat"，启动 tomcat。

④ 关闭 TOMCAT。将命令执行窗口关闭结束。

TOMCAT 软件安装界面如图 5.24 所示。

(3) 软件部署。

① 将 LicensePlateDiscern.war 复制到 tomcat 目录 apache-tomcat-7.0.85\webapps 目下，重启 TOMCAT 服务。重启后，在 apache-tomcat-7.0.85\webapps 目录下可看到 RomoteVoiceRecorder 文件夹。LicensePlateDiscern 文件夹如图 5.25 所示。

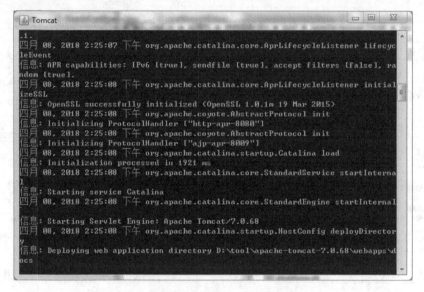

图 5.24　TOMCAT 软件安装界面

图 5.25　LicensePlateDiscern 文件夹

② 编辑 apache-tomcat-8.5.4\webapps\LicensePlateDiscern\WEB-INF\classes\config 目录下 base.properties。根据实际情况调整参数。参数调整界面如图 5.26 所示。

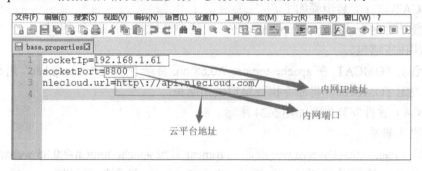

图 5.26　参数调整界面

③ 运行 apache-tomcat-7.0.85/bin/ startup.bat。startup.bat 命令界面如图 5.27 所示。

第 5 章 车牌识别系统

图 5.27　startup.bat 命令界面

(4) PC 端界面设计。

① 登录界面设计。

打开浏览器，输入 IP 地址：http://8080/LicensePlateDiscern，出现登录界面。登录界面如图 5.28 所示。

图 5.28　登录界面

在登录前，单击"设置"按钮，配置登录用户的设备 ID。配置登录用户的设备 ID 界面如图 5.29 所示。

② 主界面设计。

主界面如图 5.30 所示。

单击"本地图片"按钮，选择本地图片，如图 5.31 所示。

图 5.29 配置登录用户的设备 ID 界面

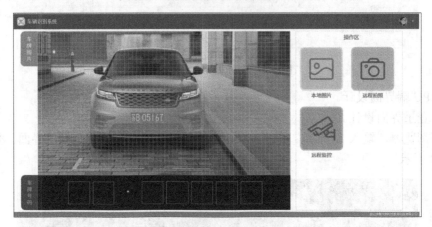

图 5.30 主界面

图 5.31 本地图片界面

单击"远程拍照"按钮,进行拍照识别。远程拍照界面如图 5.32 所示。
单击"远程监控"按钮,进行拍照识别。远程监控界面如图 5.33 所示。

图 5.32 远程拍照界面

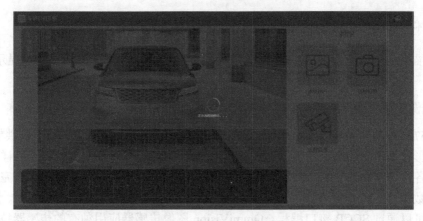

图 5.33 远程监控界面

5.2.3 车牌识别系统任务拆分及计划学时安排

由于车牌识别系统覆盖的专业知识面较为广泛,增加了课题设计的复杂程度,因此要结合系统实现的功能,对课题设计任务进行拆分。该课题可拆分成若干个功能模块。如摄像头拍照模块、LCD 图像存储与显示模块、语音播报模块、手机 App 程序设计、PC 端程序设计等。建议每个模块功能单独调试,各个模块功能实现之后,再根据总的工作流程把各个模块连接起来,并结合相应的工作时序,最终实现车牌识别系统的功能。

为保证学生按时完成课题设计任务,达到实战演练目的,指导教师可根据课题总体设计任务,按系统功能将设计任务拆分成多个子任务,可根据学生专业特点分配设计子任务。车牌识别系统任务拆分及计划学时安排如表 5.4 所示。

表 5.4 车牌识别系统任务拆分及计划学时安排

项目编号	项目名称	建议计划学时
任务一	车牌图像采集、存储与显示	5 学时
任务二	USB 通信驱动程序设计	10 学时
任务三	车牌号语音播报	5 学时

续表

项目编号	项目名称		建议计划学时
任务四	Java 端应用开发	任务 1 OpenCV 图像处理软件简介	30 学时
		任务 2 OpenCV 车牌号识别	
		任务 3 本地车牌图片识别	
		任务 4 远程拍照识别	
		任务 5 远程监控识别	
任务五	Android 端应用开发	任务 1 监控流程及车牌号码获取开发	10 学时

5.3 课题任务设计

5.3.1 任务一 车牌图像采集、存储与显示

功能描述：启动摄像头拍照车牌，读取图像传感器数据并存储到 TFT 液晶显示屏 RAM 区域。

1. 摄像头模块简介

OV7670/OV7171 CAMERACHIPTM 图像传感器，体积小、工作电压低，提供单片 VGA 摄像头和影像处理器的所有功能。通过 SCCB 总线控制，可以输出整帧、子采样、取窗口等方式的各种分辨率八位影像数据。该产品 VGA 图像最高达到 30f/s。用户可以完全控制图像质量、数据格式和传输方式。所有图像处理功能过程包括伽马曲线、白平衡、饱和度、色度等都可以通过 SCCB 接口编程。OmmiVision 图像传感器应用独有的传感器技术，通过减少或消除光学或电子缺陷如固定图案噪声、拖尾、浮散等，提高图像质量，得到清晰且稳定的彩色图像。

2. 摄像头模块功能

(1) 高灵敏度适合低照度应用。

(2) 低电压适合嵌入式应用。

(3) 标准的 SCCB 接口，兼容 I^2C 接口。

(4) RawRGB、RGB(GRB4∶2∶2，RGB565/555/444)、YUV(4∶2∶2)和 YCbCr(4∶2∶2)输出格式。

(5) 支持 VGA、CIF 和从 CIF 到 40×30 的各种尺寸。

(6) VarioPixel 子采样方式。

(7) 自动影像控制功能包括：自动曝光控制、自动增益控制、自动白平衡、自动消灯光条纹、自动黑电平校准、图像质量控制包括色饱和度、色相、伽马、锐度和 ANTI_BLOOM。

(8) ISP 具有消除噪声和坏点补偿功能。

(9) 支持闪光灯：LED 灯和氙灯。

(10) 支持图像缩放。

(11) 镜头失光补偿。

(12) 50/60Hz 自动检测。

(13) 饱和度自动调节(UV 调整)。

(14) 边缘增强自动调节。

(15) 降噪自动调节。

3. 摄像头模块内部结构图

摄像头模块内部结构如图 5.34 所示。

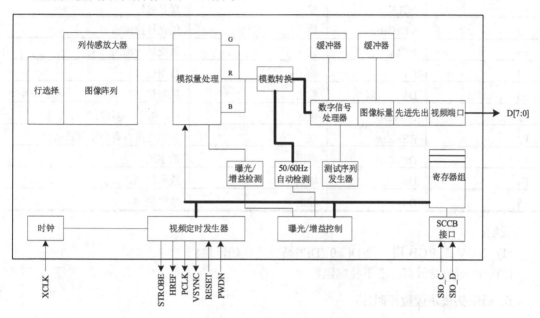

图 5.34　摄像头模块内部结构

4. 摄像头模块引脚定义

摄像头模块引脚定义如表 5.5 所示。

表 5.5　摄像头模块引脚定义

引　　脚	名　　称	类　　型	功能/说明
A1	AVDD	电源	模拟电源
A2	SIO_D	输入/输出	SCCB 数据口
A3	SIO_C	输入	SCCB 时钟口
A4	D1a	输出	数据位 1
A5	D3	输出	数据位 3
B1	PWDN	输入(0)b	POWER DOWN 模式选择
B2	VREF2	参考	参考电压并 0.1μF 电容
B3	AGND	电源	模拟地
B4	D0	输出	数据位 0

续表

引　脚	名　称	类　型	功能/说明
B5	D2	输出	数据位 2
C1	DVDD	电源	核电压+1.8V DC
C2	VREF1	参考	参考电压并 0.1μF 电容
D1	VSYNC	输出	帧同步
D2	HREF	输出	行同步
E1	PCLK	输出	像素时钟
E2	STROBE	输出	闪光灯控制输出
E3	XCLK	输入	系统时钟输入
E4	D7	输出	数据位 7
E5	D5	输出	数据位 5
F1	DOVDD	电源	I/O 电源，电压(1.7~3.0V)
F2	RESET#	输入	初始化所有寄存器到默认值
F3	DOGND	电源	数字地
F4	D6	输出	数据位 6
F5	D4	输出	数据位 4

说明：

(1) YUV 或 RGB 用 8 位 D[7:0](D[7]高位，D[0]低位)。

(2) 输入(0)表示有内部下拉电阻。

5. 摄像头模块读数据时序

摄像头模块读数据时序(读使能)如图 5.35 所示，摄像头模块读数据时序(读复位)如图 5.36 所示。

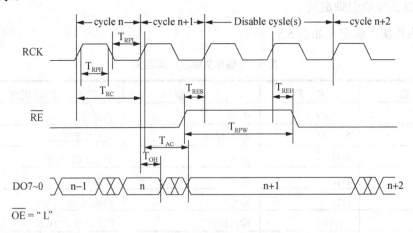

图 5.35　摄像头模块读数据时序(读使能)

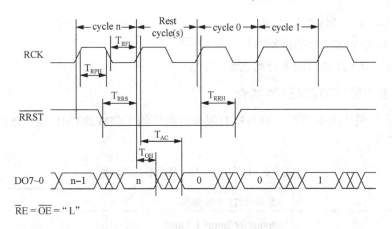

图 5.36 摄像头模块读数据时序(读复位)

6. 摄像头模块与 M3 接口电路

摄像头模块与 M3 接口电路如图 5.37 所示。

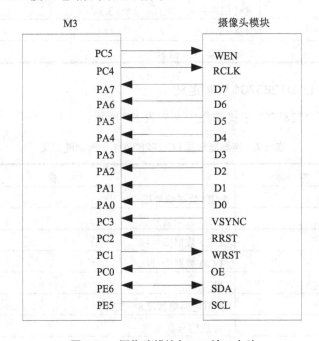

图 5.37 摄像头模块与 M3 接口电路

摄像头模块管脚定义如下。

VSYNC——帧同步信号(输出信号)。

D0-D7——数据端口(输出信号)。

RESET——复位端口(正常使用拉高)。

WEN——功耗选择模式(正常使用拉低)。

RCLK——FIFO 内存读取时钟控制端。

OE——FIFO 关断控制。

WRST——FIFO 写指针复位端。

RRST——FIFO 读指针复位端。
SIO_C——SCCB 接口的控制时钟。
SIO_D——SCCB 接口的串行数据输入。

7. 液晶显示屏 LCDT283701 简介

液晶显示屏采用深圳市艾斯迪科技有限公司生产的 LCDT283701 型，该显示屏相关参数如表 5.6 所示。

表 5.6 LCDT283701 显示屏相关参数

产品名称	2.8 英寸 TFT 液晶屏
外观尺寸	50mm×69.2mm×4.2mm
显示尺寸	43.2mm×57.6mm
驱动 IC	ILI9341
接口类型	MCU 并口，37pin 焊脚，8/16bit
背光类型	4×LED 并联，电压：2.8～3.3V
功耗	4.2～4.95W
分辨率	240 像素×320 像素

8. 液晶显示屏 LCDT283701 引脚定义

液晶显示屏 LCDT283701 引脚功能定义如表 5.7 所示。

表 5.7 液晶显示屏 LCDT283701 引脚功能定义

管 脚 号	符 号	功 能
1	DB0	LCD 数据信号线
2	DB1	LCD 数据信号线
3	DB2	LCD 数据信号线
4	DB3	LCD 数据信号线
5	GNDE	地
6	VCC1	模拟电路电源(2.8～3.3V)
7	$\overline{CS}$	片选信号低有效
8	RS	指令/数据选择端，L: 指令，H: 数据
9	$\overline{WR}$	LCD 写控制端，低有效
10	$\overline{RD}$	LCD 读控制端，低有效
11	NC	悬空
12	X+	触摸屏信号线
13	Y+	触摸屏信号线
14	X-	触摸屏信号线
15	Y-	触摸屏信号线

续表

管脚号	符 号	功 能
16	LEDA	背光 LED 正极性端
17	LEDK1	背光 LED 负极性端
18	LEDK2	背光 LED 负极性端
19	LEDK3	背光 LED 负极性端
20	LEDK4	背光负极供电引脚
21	FMARK	帧同步信号
22	DB4	LCD 数据信号线
23	DB10	LCD 数据信号线
24	DB11	LCD 数据信号线
25	DB12	LCD 数据信号线
26	DB13	LCD 数据信号线
27	DB14	LCD 数据信号线
28	DB15	LCD 数据信号线
29	DB16	LCD 数据信号线
30	DB17	LCD 数据信号线
31	$\overline{\text{RESET}}$	复位信号线
32	VCI	模拟电路电源(2.8～3.3V)
33	VCC2	I/O 接口电压(2.8～3.3V)
34	GND	地
35	DB5	LCD 数据信号线
36	DB6	LCD 数据信号线
37	DB7	LCD 数据信号线

9. 液晶显示屏 LCDT283701 与 M3 接口电路设计

TFT 液晶显示屏模组与 M3 接口电路如图 5.38 所示。

10. 车牌图像采集、存储与显示

(1) 图像采集程序流程图。

图像采集程序流程图如图 5.39 所示。

(2) 图像存储与显示软件流程图。

LCD 图像存储与显示软件流程图如图 5.40 所示。

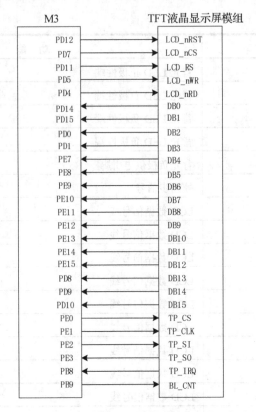

图 5.38 TFT 液晶显示屏模组与 M3 接口电路

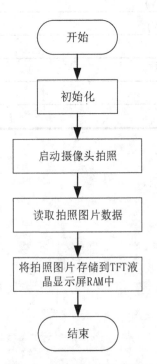

图 5.39 图像采集软件流程图

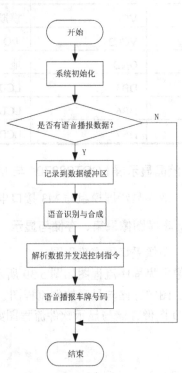

图 5.40 LCD 图像存储与显示软件流程图

5.3.2 任务二 USB 通信驱动程序设计

1. 功能描述

M3 端将拍摄车牌图像经 USB 串口传输至 PC 端，PC 端基于 OpenCV 实现车牌识别，并将车牌识别结果经 USB 串口传输至 M3 端。

2. USB 驱动程序设计

STM32F103 系列芯片自带 USB 串口，但 STM32F103 的 USB 都只能用作设备，而不能用作主机。即便如此，对于一般应用来说已经足够。本节介绍如何在 STM32 核心板上利用 STM32 自身的 USB 功能实现一个虚拟串口，从而完成 M3 端与 PC 端数据交换。

(1) USB 简介。

USB 是英文 Universal Serial BUS(通用串行总线)的缩写，而其中文简称为"通串线"。它是一种外部总线标准，用于规范电脑与外部设备的连接和通信，是应用于 PC 领域的接口技术。

USB 接口支持设备的即插即用和热插拔功能。USB 是在 1994 年年底由英特尔、康柏、IBM、Microsoft 等多家公司联合推出。

USB 发展到现在已经有 USB1.0/1.1/2.0/3.0 等多个版本。目前 USB1.1、USB2.0 与 USB3.0 已经普及。STM32F103 自带的 USB 符合 USB2.0 规范。

标准 USB 由四线组成，除 VCC/GND 外，还有 D+、D-，这两条数据线采用差分电压的方式进行数据传输。在 USB 主机上，D-和 D+均接 15kΩ 电阻到地端，所以当没有设备接入时，D+、D-均为低电平。而在 USB 设备中，如果是高速设备，则在 D+上接一个 1.5kΩ 电阻到 VCC 端；如果是低速设备，则在 D-端接一个 1.5kΩ 电阻到 VCC 端。当设备接入主机时，主机就可以判断是否有设备接入，并能判断设备是高速设备还是低速设备。

简要介绍 STM32 的 USB 控制器如下。

STM32F103 的 MCU 自带 USB 从控制器，符合 USB 规范的通信连接。PC 主机和微控制器之间的数据传输通过共享一个专用的数据缓冲区来完成。该数据缓冲区可被 USB 外设直接访问。该专用数据缓冲区的大小由所使用的端点数目以及每个端点最大的数据分组大小所决定，每个端点最大可使用 512B 缓冲区(专用的 512B，与 CAN 共用)，最多可用于 16 个单向或 8 个双向端点。USB 模块与 PC 主机通信时，根据 USB 规范实现令牌分组的检测，完成数据发送/接收的处理与握手分组的处理。整个传输的格式由硬件完成，其中包括 CRC 的生成和校验。

每个端点都有一个缓冲区描述块，描述该端点使用的缓冲区地址、大小以及需要传输的字节数。当 USB 模块识别出一个有效的功能/端点的令牌分组时，随之发生相关的数据传输(如果需要传输数据并且端点已配置)。USB 模块通过一个内部的 16 位寄存器实现端口与专用缓冲区的数据交换。当所有的数据传输完成后，如果需要，则根据传输的方向发送或接收适当的握手分组。在数据传输结束时，USB 模块将触发与端点相关的中断，通过读状态寄存器或者利用不同的中断来处理。

USB 中断映射单元：将可能产生中断的 USB 事件映射到三个不同的 NVIC 请求线上。
- USB 低优先级中断(通道 20)：可由所有 USB 事件触发(正确传输，USB 复位等)。

固件在处理中断前应首先确定中断源。
- USB 高优先级中断(通道 19)：仅能由同步和双缓冲批量传输的正确传输事件触发，其目的是保证最大的传输速率。
- USB 唤醒中断(通道 42)：由 USB 挂起模式的唤醒事件触发。

USB 设备框图如图 5.41 所示。

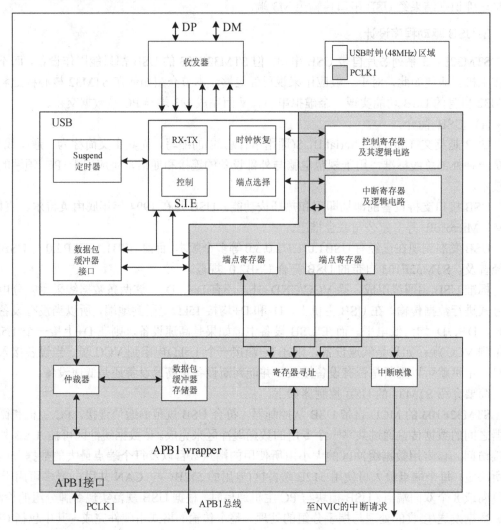

图 5.41　USB 设备框图

关于 STM32F1 微处理器 USB 串口的其他介绍，请参考《STM32 中文参考手册》第 21 章内容，这里不再详细介绍。

要正常使用 STM32F1 微处理器 USB 串口，就需要编写 USB 驱动。而整个 USB 通信的详细过程非常复杂，本书受篇幅限制，不再详细介绍，感兴趣的读者可查阅《圈圈教你玩 USB》这本书，该书对 USB 通信有详细讲解和描述。如果要读者自己编写 USB 驱动，将是一件相当困难的事情，尤其对于从未了解过 USB 的人员来说，如果不花一年至两年时间学习就无法搞定。不过 ST 公司提供了一套完整的 USB 驱动库，通过这个库，开发人员可方便地实现所要求的功能，而不需要详细了解 USB 的整个驱动，大大缩短了开发时间。

ST 提供的 USB 驱动库，可在网址 http://www.stmcu.org/document/ detail/index/id-213156 下载。

STM32 参考资料中 STM32 微处理器 USB 学习资料，文件名：STSW-STM32121.zip(源代码)和 CD00158241.pdf(教程)。在 STSW-STM32121.zip 压缩包文件中，ST 公司提供了八个参考例程。其文件夹如图 5.42 所示。

图 5.42　参考例程文件夹界面

ST 公司官网不但提供源代码，还提供了说明文件：CD00158241.pdf(UM0424)，专门讲解 USB 库如何使用。这些资料对读者了解 STM32F103 的 USB 会有很大帮助，尤其在不熟悉的情况下，仔细阅读 ST 公司提供的例程，会有意想不到的收获。本课题的 USB 部分就是移植 ST 公司的 Virtual_COM_Port 例程相关部分，从而完成一个 USB 虚拟串口的功能。

(2) 硬件设计。

本章课题利用 STM32 自带的 USB 功能，连接电脑 USB，虚拟出一个 USB 串口，实现 PC 端和 M3 核心板的数据通信。当 USB 连接电脑时(USB 线插入 USB_SLAVE 接口)，M3 核心板将通过 USB 和 PC 端建立连接，并虚拟出一个串口(注意：需要先安装软件\STM32 USB 虚拟串口驱动\VCP_V1.4.0_Setup.exe 驱动软件)。在找到虚拟串口后，即可打开串口调试助手，STM32 通过 USB 虚拟串口和上位机对话。STM32 收到上位机发送过来的字符串(以回车换行结束)后，原原本本地返回至上位机。每隔一定时间，USB 虚拟串口输出一段信息到 PC 端。所使用的硬件资源如下：

- 串口。
- USB SLAVE 接口。

USB 与 M3 硬件连接框图如图 5.43 所示。

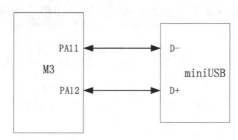

图 5.43　USB 与 M3 硬件连接框图

(3) 软件设计。

代码移植自 ST 官方例程：STM32 参考资料，STM32USB 学习资料\ STM32_USB-FS-Device_Lib_V4.0.0\Projects\Virtual_COM_Port。该例程与 USB 相关的代码如图 5.44 所示。

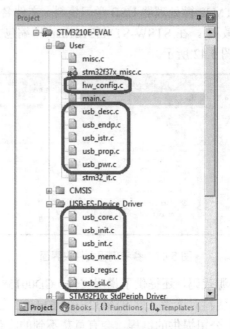

图 5.44　ST 官方例程 USB 相关代码

以此官方例程做指引，就知道具体需要哪些文件，从而实现课题编程。

首先，在本课题 M3 的工程文件夹下面，新建 USB 子文件夹，并复制官方 USB 驱动库相关代码到该文件夹下，即复制 STM32 参考资料中 STM32USB 学习资料 STM32_USB-FS-Device_Lib_V4.0.0 的 Libraries 文件夹 STM32_USB-FS-Device_Driver 文件夹至该文件夹下。

在 USB 文件夹下，新建 CONFIG 子文件夹存放 Virtual COM 实现相关代码，即 STM32_USB-FS-Device_Lib_V4.0.0 Projects Virtual_COM_Port src 文件夹下的部分代码：hw_config.c、usb_desc.c、usb_endp.c、usb_istr.c、usb_prop.c 和 usb_pwr.c 6 个.c 文件，同时复制 STM32_USB-FS-Device_Lib_V4.0.0 ProjectsVirtual_COM_Portinc 文件夹下面的：hw_config.h、platform_config.h、usb_conf.h、usb_desc.h、usb_istr.h、usb_prop.h 和 usb_pwr.h 7 个头文件至 CONFIG 文件夹下。最终 CONFIG 文件夹下的文件如图 5.45 所示。

根据 ST 官方 Virtual_COM_Port 例程，新建分组添加相关代码。添加完毕后，添加 USB 驱动相关代码如图 5.46 所示。

第 5 章 车牌识别系统

图 5.45 最终 CONFIG 文件夹下的文件

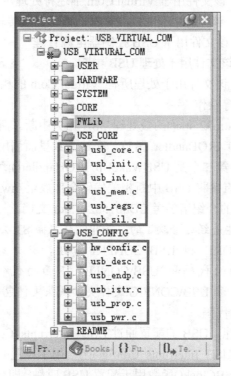

图 5.46 添加 USB 驱动相关代码

移植时，重点要修改的是 CONFIG 文件夹下的代码，USB_CORE 文件夹下的代码一般不用修改。USB_CORE 文件夹下的几个 .c 文件介绍如下。

- usb_regs.c 文件。该文件主要负责 USB 控制寄存器的底层操作，并有各种 USB 寄存器的底层操作函数。
- usb_init.c 文件。该文件中只有一个 USB_Init() 函数，用于 USB 控制器的初始化。对于 USB 控制器的初始化，是通过 USB_Init() 调用其他文件的函数实现的，

USB_Init()只不过是把它们连接起来了，这样可使得代码比较规范。
- usb_int.c 文件。该文件里面只有 CTR_LP 和 CTR_HP 两个函数，CTR_LP 负责 USB 低优先级中断的处理，而 CTR_HP 负责 USB 高优先级中断的处理。
- usb_mem.c 文件。该文件用于处理 PMA 数据，PMA 全称为 Packet Memory Area，它是 STM32 内部用于 USB/CAN 的专用数据缓冲区。该文件内只有 2 个函数，即 PMAToUserBufferCopy()和 UserToPMABufferCopy()，分别用于将 USB 端点的数据传送给主机和将主机的数据传送到 USB 端点。
- usb_core.c 文件。该文件用于处理 USB 2.0 协议。
- usb_sil.c 文件。该文件为 USB 端点提供简化的读写访问函数。

以上几个文件具有很强的独立性，除非特殊情况，否则不需用户修改，用户直接调用内部的函数即可。CONFIG 文件夹里面的几个.c 文件介绍如下。

- hw_config.c 文件。该文件用于硬件的配置，比如初始化 USB 时钟、USB 中断、低功耗模式处理等。
- usb_desc.c 文件。该文件用于 Virtual Com 描述符处理。
- usb_endp.c 文件。该文件用于非控制传输，处理正确传输中断回调函数。
- usb_pwr.c 文件。该文件用于 USB 控制器电源管理。
- usb_istr.c 文件。该文件用于处理 USB 中断。
- usb_prop.c 文件。该文件用于处理所有 Virtual Com 的相关事件，包括 Virtual Com 的初始化、复位等操作。

另外，官方例程采用 stm32_it.c()函数处理 USB 相关中断。两个中断服务函数中，第一个是 USB_LP_CAN1_RX0_IRQHandler 函数，在该函数里面调用 USB_Istr()函数，用于处理 USB 发生的各种中断；第二个是 USBWakeUp_IRQHandler()函数。该函数用于清除中断标志。为了使用方便，可直接将 USB 中断相关代码全部放至 hw_config.c()函数中。

USB 相关代码，详细的介绍请参考 CD00158241.pdf 文档。

注意：以上代码，有些是经过修改了的，并非完全照搬 ST 公司的官方例程。需要在工程文件里面新建 USB_CORE 和 USB_CONFIG 分组，并分别加入 USB\STM32_USB-FS-Device_Driver\src 下面的代码和 USB\CONFIG 下面的代码，然后把 USB\STM32_USB-FS-Device_Driver\inc 和 USB\CONFIG 文件夹加入头文件包含路径。

最后修改 main.c 里面代码。

实现硬件设计部分功能，USB 的配置通过 USB_Interrupts_Config()、Set_USBClock()和 USB_Init()三个函数完成。USB_Interrupts_Config()函数用于设置 USB 唤醒中断和 USB 低优先级数据处理中断；Set_USBClock()函数用于配置 USB 时钟，即从 72M 主频得到 48M USB 时钟(1.5 分频)；USB_Init()函数用于初始化 USB，其最主要的是调用了 rtual_Com_Port_init()函数，开启了 USB 部分的电源等。这里需要特别说明的是，USB 配置并没有对 PA11 和 PA12 两个 I/O 口进行设置，这是因为一旦开启了 USB 电源(USB_CNTR 的 PDWN 位清零)，PA11 和 PA12 将不再作为其他功能使用，仅供 USB 使用，因此在开启了 USB 电源之后，不论怎么配置这两个 I/O 口都是无效的。要在此获取这两个 I/O 口的配置权，则需要关闭 USB 电源，也就是置位 USB_CNTR 的 PDWN 位，通过 USB_Port_Set()函数来禁止/允许 USB 连接。在复位时，先禁止，再允许，这样每次按复位键，计算机都可以识别到 USB 鼠标，而不需要每次都拔下 USB 线。USB_Port_Set()函数在 hw_config.c()函数中实现。

USB 虚拟串口的数据发送，可通过函数 USB_USART_SendData()来实现。该函数在 hw_config.c()中实现。该函数代码如下。

```
//发送一个字节数据到USB 虚拟串口
void USB_USART_SendData(u8 data)
{
uu_txfifo.buffer[uu_txfifo.writeptr]=data;
uu_txfifo.writeptr++;
if(uu_txfifo.writeptr==USB_USART_TXFIFO_SIZE)//超过 buf 大小归零.
{
    uu_txfifo.writeptr=0;
}
}
```

该函数实现发送一个字节至虚拟串口。这里用到了一个 uu_txfifo 结构体，它是在 hw_config 里面定义的一个 USB 虚拟串口发送数据 FIFO 结构体，其结构体定义如下。

```
//定义一个USB USART FIFO 结构体
typedef struct
  {
   u8 buffer[USB_USART_TXFIFO_SIZE]; //buffer
   vu16 writeptr; //写指针
   vu16 readptr;  //读指针
  }_usb_usart_fifo;
  extern _usb_usart_fifo uu_txfifo; //USB 串口发送 FIFO
```

该结构体用于处理 USB 串口要发送的数据。所有通过 USB 串口发送的数据，都将事先存放在该结构体的 buffer 数组(FIFO 缓存区)中，USB_USART_TXFIFO_SIZE 定义了该数组的大小。通过 writeptr 和 readptr 来控制 FIFO 的写入和读出，该结构体 buffer 数据的写入，是通过 USB_USART_SendData()函数实现，而 buffer 数据的读出(发送到 USB)则是通过端点 1 回调函数：EP1_IN_Callback()函数实现。该函数在 usb_endp.c 中实现，其代码如下。

```
void EP1_IN_Callback (void)
{
u16 USB_Tx_ptr;
u16 USB_Tx_length;
if(uu_txfifo.readptr==uu_txfifo.writeptr) return; //无任何数据要发送,直接退出
if(uu_txfifo.readptr<uu_txfifo.writeptr) //没有超过数组,读指针<写指针
{
USB_Tx_length=uu_txfifo.writeptr-uu_txfifo.readptr; //得到要发送的数据长度
}else //超过数组了，读指针>写指针
{
USB_Tx_length=USB_USART_TXFIFO_SIZE-uu_txfifo.readptr;//发送的数据长度
}
if(USB_Tx_length>VIRTUAL_COM_PORT_DATA_SIZE) //超过 64 字节?
{
USB_Tx_length=VIRTUAL_COM_PORT_DATA_SIZE; //此次发送数据量
}
USB_Tx_ptr=uu_txfifo.readptr; //发送起始地址
uu_txfifo.readptr+=USB_Tx_length; //读指针偏移
if(uu_txfifo.readptr>=USB_USART_TXFIFO_SIZE) //读指针归零
{
uu_txfifo.readptr=0;
```

```
}
UserToPMABufferCopy(&uu_txfifo.buffer[USB_Tx_ptr],ENDP1_TXADDR, SB_Tx_
length);
SetEPTxCount(ENDP1, USB_Tx_length);
SetEPTxValid(ENDP1);
}
```

这个函数由 USB 中断处理相关函数调用，通过 USB 发送给电脑的数据拷贝到端点 1 的发送区，然后通过 USB 发送至 PC 端，从而实现串口数据的发送。因为 USB 每次传输数据长度不超过 VIRTUAL_COM_PORT_DATA_SIZE，所以 USB 发送数据长度：USB_Tx_length 的最大值只能是 VIRTUAL_COM_PORT_DATA_SIZE。

以上就是 USB 虚拟串口的数据发送过程，而 USB 虚拟串口数据的接收，则是通过端点 3 实现。端点 3 的回调函数为 EP3_OUT_Callback()。该函数也是在 usb_endp.c()函数中定义，其代码如下：

```
void EP3_OUT_Callback(void)
{
u16 USB_Rx_Cnt;
USB_Rx_Cnt = USB_SIL_Read(EP3_OUT, USB_Rx_Buffer);
//得到 USB 接收到的数据及其长度
USB_To_USART_Send_Data(USB_Rx_Buffer, USB_Rx_Cnt);
//处理数据(其实就是保存数据)
SetEPRxValid(ENDP3); //使能端点 3 的数据接收
}
```

该函数也是被 USB 中断处理调用，该函数通过调用 USB_To_USART_Send_Data()函数，实现 USB 接收数据的保存，USB_To_USART_Send_Data()函数在 hw_config.c 中实现，其代码如下：

```
//用类似串口1接收数据的方法,来处理 USB 虚拟串口接收到的数据。
u8 USB_USART_RX_BUF[USB_USART_REC_LEN];
//接收缓冲,最大 USART_REC_LEN 个字节.
//接收状态
//bit15，接收完成标志
//bit14，接收到 0x0d
//bit13～0，接收到的有效字节数目
u16 USB_USART_RX_STA=0; //接收状态标记
//处理从 USB 虚拟串口接收到的数据
//databuffer:数据缓存区
//Nb_bytes:接收到的字节数.
void USB_To_USART_Send_Data(u8* data_buffer, u8 Nb_bytes)
{
 u8 i;
 u8 res;
 for(i=0;i<Nb_bytes;i++)
 {
res=data_buffer[i];
if((USB_USART_RX_STA&0x8000)==0) //接收未完成
  {
   if(USB_USART_RX_STA&0x4000) //接收到了 0x0d
   {
   if(res!=0x0a)USB_USART_RX_STA=0;//接收错误,重新开始
   else USB_USART_RX_STA|=0x8000; //接收完成
```

```
  }else //还没收到0X0D
  {
    if(res==0x0d)USB_USART_RX_STA|=0x4000;
   else
   {
   USB_USART_RX_BUF[USB_USART_RX_STA&0X3FFF]=res;
   USB_USART_RX_STA++;
   if(USB_USART_RX_STA>(USB_USART_REC_LEN-1))
   USB_USART_RX_STA=0;//接收数据错误,重新开始接收
    }
   }
  }
 }
```

该函数接收数据的方法,同串口通信的串口中断接收数据方法完全一样,这里不再详细介绍,请参考串口相关内容即可。USB_To_USART_Send_Data()函数类似于串口通信实验的串口中断服务函数(USART1_IRQHandler()),完成 USB 虚拟串口的数据接收。

(4) 通信协议。

车牌识别系统 USB(虚拟串口)通信协议说明如下。

① 客户端请求如表 5.8 所示。

表 5.8 客户端请求

START-0	XLEN_H-1	XLEN_L-2	YLEN_H-3	YLEN_L-4
0xAA	X 像素起点数据高 8 位	X 像素起点数据低 8 位	Y 像素起点数据高 8 位	Y 像素起点数据低 8 位
LEN_H-5	LEN_L-6	CHK-7	-8	-9
要取像素点个数高 8 位	要取像素点个数低 8 位	校验位(从第一位进行和校验)	0x0d	0x0a

注意:所有的 0x00 均用 0xff 代替,该请求可以用作重发指令。

② 客户端识别结果发送给下位机,如表 5.9 所示。

表 5.9 客户端识别结果发送给下位机

START-0	车牌第一位-1	车牌后六位-2-7	CHK-8	-9	-10
0xBB	汉字根据下列进行查表发送	asc2 发送	校验位(从第一位进行和校验)	0x0d	0x0a

注意:所有的 0x00 均用 0xff 代替。

③ 车牌汉字编码如表 5.10 所示。

表 5.10 车牌汉字编码

地区	代码	地区	代码	地区	代码	地区	代码
京	0x01	津	0x02	沪	0x03	渝	0x04
冀	0x05	豫	0x06	云	0x07	辽	0x08

续表

地 区	代 码	地 区	代 码	地 区	代 码	地 区	代 码
黑	0x09	湘	0x0a	皖	0x0b	闽	0x0c
鲁	0x0d	新	0x0e	苏	0x0f	浙	0x10
赣	0x11	鄂	0x12	桂	0x13	甘	0x14
晋	0x15	蒙	0x16	陕	0x17	吉	0x18
贵	0x19	粤	0x1a	青	0x1b	藏	0x1c
川	0x1d	宁	0x1e	琼	0x1f		

说明：

- 车牌号汉字代码查表 5.10。
- 车牌号字母与数字采用 ASCⅡ编码，可查阅相关 ASCⅡ编码表。
- 假设某车牌号为：鲁 A．H6666，其中字母 A 与 H 之间的"．"无须编码。其编码如下。

0xBB 0x0d 0x41 0x48 0x36 0x36 0x36 0x36 0xE70x0d 0x0a

④ 下位机发送格式如表 5.11 所示。

表 5.11　下位机发送格式

像素数据 0R	像素数据 0G	像素数据 0B	像素数据 1R	……	像素数据 NB	CHK
						校验位 (从第一位进行和校验)

说明：假设客户端请求 10 个像素，那么该发送数据长度为 10×3+1。

5.3.3　任务三　车牌号语音播报

功能描述：将车牌识别结果回传至 M3 端，并通过语音播报模块播放车牌信息。

1. 语音播报硬件设计

(1) 语音播报模块工作原理。

语音播报模块采用科大讯飞股份有限公司生产的解码编码芯片 XFS5152CE。它是一款高集成度的语音合成芯片，可实现中文、英文语音合成，并集成了语音编码、解码功能，可支持用户进行录音和播放；除此之外，还创新性地集成了轻量级的语音识别功能，支持三十个命令词的识别，并且支持用户命令词定制需求。

① 通信接口。XFS5152CE 芯片支持 UART 接口、I^2C 接口、SPI 接口三种通信方式，可通过 UART 接口、I^2C 或 SPI 接口接收上位机发送的命令和数据，允许发送数据的最大长度为 4K 字节。

② 语音合成如表 5.12 所示。

表5.12 语音合成

帧头	数据区长度		数据区		
	高字节	低字节	命令字	文本编码格式	待合成文本
0xFD	1 byte	1 byte	0x01	0x00~0x03	……

③ 波特率配置如表5.13所示。

表5.13 波特率配置

波特率	Baud1	Baud2
4800 bps	0	0
9600 bps	0	1
57600 bps	1	0
115200 bps	1	1

XFS5152CE芯片UART通信接口，支持四种通信波特率：4800 bps、9600 bps、57600 bps、115200 bps。通信波特率可通过XFS5152CE芯片的两个管脚BAUD1(56引脚)、BAUD2(55引脚)电平来进行硬件配置。

④ 功能描述如下。

- 支持任意中文、英文文本的合成。芯片支持任意中文、英文文本的合成，可采用GB2312、GBK、BIG5和UNICODE四种编码方式。每次合成的文本量最多可达4K字节。芯片对文本进行分析，对常见的数字、号码、时间、日期、度量衡符号等格式的文本，芯片能够根据内置的文本匹配规则，进行正确的识别和处理；对一般多音字也可依据其语境正确判断读音。另外，针对同时有中文和英文的文本的情况，可实现中英文混读。
- 支持语音编解码功能。芯片内部集成了语音编码单元和解码单元，可以进行语音的编码和解码，实现录音和播放功能。芯片的语音编解码具备高压缩率、低失真率、低延时性的特点，并且可以支持多种语音编码和解码速率。这些特性使之非常适合数字语音通信、语音存储以及其他需要对语音进行数字处理的场合，如车载微信、指挥中心等。
- 支持语音识别功能。可支持三十个命令词的识别。芯片出厂默认设置的是三十个车载、预警等行业常用识别命令词。客户如需要更改成其他的识别命令词，可与芯片制造商协商定制。
- 芯片内部集成八十种常用提示音效。适合用于不同场合的信息提示、铃声、警报等功能。
- 支持UART、I^{2}C、SPI三种通信方式。UART串口支持四种通信波特率。波特率可设置为4800 bps、9600 bps、57600 bps、115200 bps。用户可依据情况，通过硬件配置选择所需的波特率。
- 支持多种控制命令。如合成文本、停止合成、暂停合成、恢复合成、状态查询、进入省电模式、唤醒等。控制器通过通信接口发送控制命令可以对芯片进行相应的控制。芯片的控制命令非常简单易用，例如：芯片可通过统一的"合成命令"接口播放提示音和中文文本，还可以通过标记文本实现对合成的参数设置。

- 支持多种方式查询芯片的工作状态。多种方式查询芯片的工作状态，包括查询状态管脚电平、通过读取芯片自动返回的工作状态字、发送查询命令获得芯片工作状态的回传数据。

⑤ 语音芯片结构如图 5.47 所示。

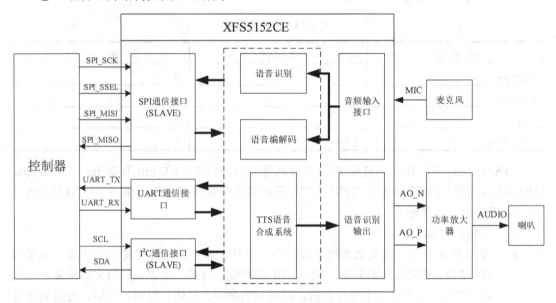

图 5.47　语音芯片结构

⑥ 通信协议详见《XFS5152CE 语音合成芯片用户开发指南 V1.2》。
⑦ 语音识别词组命令词如表 5.14 所示。

表 5.14　语音识别组命令词

命令词(共 30 个)				
我在吃饭	我在修车	我在加油	正在休息	同意
不同意	我去	现在几点	今天几号	读信息
开始读	这是哪儿	打开广播	关掉广播	打开音乐
关掉音乐	再听一次	再读一遍	大声点	小声点
读短信	读预警信息	明天天气怎么样	紧急预警信	开始
停止	暂停	继续读	确定开始	取消

(2) 语音播报模块与 M3 接口电路。

语音播报模块与 M3 的接口电路如图 5.48 所示。

语音播报模块与 M3 接线说明如下。

M3 引脚 PB10、PB11 端分别对应 UART3 串口 RXD 与 TXD 端，分别与 NEWLab 实验平台语音识别模块插座 J5 的 TXD、RXD 端子连接。

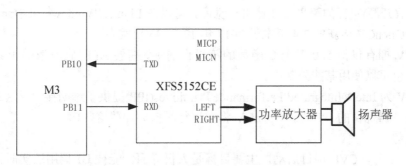

图 5.48 语音播报模块与 M3 的接口电路

2. 语音播报软件设计

(1) 语音播报实现的功能。

将车牌识别结果回传至 M3 端，通过语音播报模块播放车牌信息。

(2) 语音播报软件设计。

语音播报软件流程图如图 5.49 所示。

5.3.4 任务四 Java 端应用开发

熟悉 OpenCV 软件中常见的 API 函数，并基于 OpenCV 图像处理软件，实现本地与远程车牌拍照与车牌识别的功能。

1. OpenCV 图像处理软件简介

(1) OpenCV 图像处理概述。

OpenCV(Open Source Computer Vision Library)是基于 BSD 许可(开源)发行的跨平台计算机视觉库，可在 Linux、Windows、Android 和 Mac OS 操作系统运行。其特点是轻量级而且高效，并由一系列 C 函数和少量 C++ 类构成，同时提供了 Python、Ruby、MATLAB 等语言接口，可实现图像处理和计算机视觉方面的很多通用算法。

OpenCV 用 C++ 语言编写，它的主要接口也是 C++ 语言，但是依然保留了大量的 C 语言接口。该库有大量的 Python、Java 和 MATLAB/OCTAVE(版本 2.5)的接口。这些语言的 API 接口函数可通过在线文档获得。

所有新的开发和算法都是用 C++ 接口，一个使用 CUDA 的 GPU 接口也于 2010 年 9 月开始实现。

① 定义。

OpenCV 于 1999 年由 Intel 公司建立，如今由 Willow Garage 提供支持。OpenCV 是基

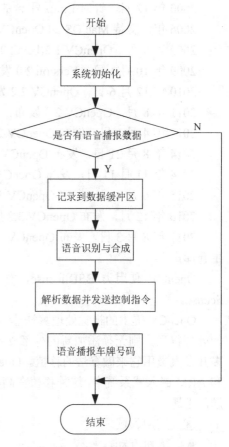

图 5.49 语音播报软件流程图

于 BSD 许可(开源)发行的跨平台计算机视觉库，可以在 Linux、Windows 和 Mac OS 操作系统上运行。OpenCV 最新的 3.4 版本于 2017 年 12 月 23 日发布。

OpenCV 拥有包括 500 多个 C 函数的跨平台的中、高层 API。它不依赖于其他的外部库——尽管也可以使用某些外部库。

OpenCV 为 Intel®Integrated Performance Primitives(IPP)提供了透明接口。这意味着如果有为特定处理器优化的 IPP 库，OpenCV 将在运行时自动加载这些库。

② 优势。

1999 年 1 月，CVL 项目启动，主要目标是人机界面。能被 UI 调用的实时计算机视觉库，为 Intel 处理器做了特定优化。

2000 年 6 月，第一个开源版本 OpenCV alpha 3 发布；

2000 年 12 月，针对 Linux 平台的 OpenCV beta 1 发布；

2006 年，支持 Mac OS 的 OpenCV 1.0 发布；

2009 年 9 月，OpenCV 1.2(beta2.0)发布；

2009 年 10 月 1 日，Version 2.0 发布；

2010 年 12 月 6 日，OpenCV 2.2 发布；

2011 年 8 月，OpenCV 2.3 发布；

2012 年 4 月 2 日，发布 OpenCV 2.4；

2014 年 8 月 21 日，发布 OpenCV 3.0 alpha；

2014 年 11 月 11 日，发布 OpenCV 3.0 beta；

2015 年 6 月 4 日，发布 OpenCV 3.0；

2016 年 12 月，发布 OpenCV 3.2 版(合并 969 个修补程序，关闭 478 个问题)；

2017 年 8 月 3 日，发布 OpenCV 3.3 版(最重要的更新是把 DNN 模块从 contrib 中提到主仓库)。

OpenCV 使用类 BSDlicense，对非商业应用和商业应用均免费使用。具体细节可参考 license。

OpenCV 提供的视觉处理算法非常丰富，并且部分以 C 语言编写，加上其开源的特性，如处理得当，则无须添加新的外部支持，也可以完整地编译链接生成执行程序。因此，很多开发人员用它来做算法的移植。OpenCV 代码经过适当改写可以正常地运行在 DSP 系统和 ARM 嵌入式系统中，这种移植在高校中经常作为相关专业本科生毕业设计或者研究生课题的选题。

③ 应用领域。
- 人机互动。
- 图像分割。
- 人脸识别。
- 动作识别。
- 运动跟踪。
- 机器人。
- 运动分析。
- 机器视觉。

- 结构分析。
- 汽车安全驾驶。
④ 编程语言。
⑤ 系统支持。

OpenCV 可在 Windows、Android、Maemo、FreeBSD、OpenBSD、iOS、Linux 以及 Mac OS 等平台上运行。使用者可在 SourceForge 获得官方版本，或者从 SVN 获得开发版本。

在 Windows 上编译 OpenCV 与摄像输入有关部分时，需要 DirectShow SDK 中的一些基类。该 SDK 可从预先编译的 Microsoft Platform SDK(或 DirectX SDK 8.0 to 9.0c / DirectX Media SDK prior to 6.0)的子目录 Samples\Multimedia\DirectShow\BaseClasses 获得。

(2) OpenCV 图像处理软件下载与安装。

OpenCV 是一套开源而且免费的图形库。其软件主要采用 C/C++语言编写，官网：http://opencv.org，在 http://opencv.org/downloads.html 可找到各个版本和各种平台的程序包。OpenCV 的 Windows 平台安装包放在 SourceForge.net 网站。OpenCV2.4.4 版大概 217MB。安装包其实就是一个压缩包，安装过程就是解压到某个文件夹。假设安装到 E:\Soft\opencv 目录，安装后文件夹如图 5.50 所示。

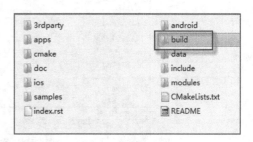

图 5.50 安装后文件夹

只需要关注"build"文件夹即可，"build"文件夹编译后的文件可以直接使用。打开"build"文件夹如图 5.51 所示。

编写过 C++程序的开发人员都知道，要使用别人已编写好的 DLL，需要三种文件，即头文件、后缀名为"lib"的链接文件以及后缀名为"dll"的动态库文件。如果使用静态编译方式，那么就需要头文件和静态库文件。X86 是 32 位操作系统的库，X64 是 64 位操作系统的库。

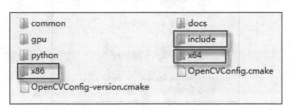

图 5.51 打开"build"文件夹

- "build\x86\vc10\bin"目录下保存的是 OpenCV 运行时所需的动态运行库。
- "build\x86\vc10\lib"目录下保存的是编译 OpenCV 程序时所需的动态链接库。
- "build\x86\vc10\staticlib"目录方式的静态编译是 OpenCV 所需要的静态链接库。
  如果是静态编译，运行时则不需要"build\x86\vc10\bin"目录下的 DLL 文件，但编译后的文件较大。

由于使用 VS2010，所以只需要关注目录 E:\Soft\opencv\build\x86\vc10。为了使 VS2010 可以编译 OpenCV 程序，需要对 VS2010 做一些相关设置，主要是使 VS2010 能够找到

OpenCV 的头文件和链接库。在"OpenCV 的安装目录\build\docs"目录下，有一名称为"opencv_tutorials.pdf"的 PDF 文档，在文档中的第 1.5 章节"How to build application with OpenCV inside the Microsoft Visual Studio"中，详细说明了如何配置 VS2010。

如果想一次配置对所有的 C++项目均适用，可按如下配置。

在 VS2010 中打开任何一个 C++项目，然后选择"视图"→"其他窗口"→"属性管理器"命令，如图 5.52 所示。

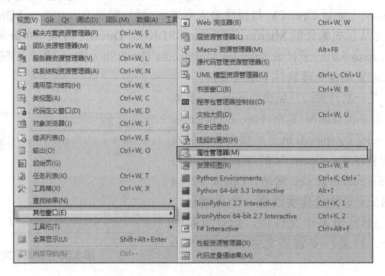

图 5.52 选择"属性管理器"命令

打开的"属性管理器"窗口如图 5.53 所示。

图 5.53 属性管理器窗口

在打开的属性管理器窗口中，展开 Degug→Win32 的节点，并双击"Microsoft.Cpp.Win32.user"，打开全局属性设置窗口。详细操作步骤如下。

① 在左边选择"VC++目录"。

② 在右边"包含目录"中添加 OpenCV 头文件目录。头文件目录可放在"E:\Soft\opencv\build\include"中，根据 OpenCV 的安装目录，一般放在 build\include 目录。

③ 在右边"库目录"中添加 OpenCV 链接库目录，可把 VS2010 库目录放在"E:\Soft\opencv\build\x86\vc10\lib"中，可根据 OpenCV 的安装目录和 IDE 版本决定，视自

己的情况选择。

VC++目录如图 5.54 所示。

图 5.54　VC++目录

对 Release→Win32 节点下的"build\x86\vc10\bin"也需做同样配置。

(3) OpenCV 图像处理软件应用举例。

通过以上配置，OpenCV 的开发环境已经搭建起来。下面举例编写一个 OpenCV Hello World 程序。

首先打开 VS2010，新建一 Win32 控制台应用程序。Win32 控制台应用程序如图 5.55 所示。

图 5.55　Win32 控制台应用程序

新建后的项目如图 5.56 所示。

图 5.56　新建后的项目

双击"HelloWorld.cpp"文件,输入程序内容如下。

```cpp
//C++输入输出库头文件
#include <iostream>
//OpenCV 核心库头文件
#include <opencv2\core\core.hpp>
//OpenCV 图形处理头文件
#include <opencv2\highgui\highgui.hpp>
//OpenCV 核心动态链接库,和 core.hpp 头文件对应,d 代表调试版本
#pragma comment(lib,"opencv_core242d.lib")
//OpenCV 图形处理动态链接库,和 highgui.hpp 头文件对应,d 代表调试版本
#pragma comment(lib,"opencv_highgui242d.lib")
int _tmain(int argc, _TCHAR* argv[])
{
//窗口名称
  std::string windowName = "HelloWorld";
 //图像名称
std::string imgFile = "opencv-logo.png";
 //读入图像
  cv::Mat image = cv::imread(imgFile,CV_LOAD_IMAGE_COLOR);
//如果无法读取图形
if(!image.data)
 {
  std::cout << "无法打开图像文件" <<std::endl;
  system("PAUSE");//暂停窗口
  return -1;
}
//创建一个新窗口
cv::namedWindow(windowName,CV_WINDOW_AUTOSIZE);
//将图像显示在新创建的窗口中
cv::imshow(windowName,image);
 //等待,直到用户按任意键时退出
cv::waitKey(0);
return 0;
}
```

如果编译无错误,运行程序时,还需复制一些必要的文件。
- 在 OpenCV 的目录下的 doc 文件夹有一名称为"opencv-logo.png"的图像文件,将其复制到"HelloWorld"项目的文件夹下。

- 在 OpenCV 的安装目录\build\x86\vc10\bin\ 中，复制 opencv_core242d.dll、opencv_highgui242d.dll 以及 tbb_debug.dll 三个文件至解决方案文件夹下的 Degug 目录中，也就是编译后可执行文件所在的目录。

如果一切正常，运行后的效果如图 5.57 所示。

图 5.57　运行后的效果

(4) OpenCV 学习资源。

为方便深入学习 OpenCV，提供以下网络资源供参考。

- http://www.opencv.org.cn/opencvdoc/2.3.2/html/doc/tutorials/tutorials.html，是 OpenCV 安装目录\build\docs\opencv_tutorials.pdf 文档的中文翻译。
- http://www.opencv.org.cn/，可学习 OpenCV。
- http://wiki.opencv.org.cn/index.php，有 OpenCV 的各种中文资料。
- http://opencv.org/documentation.html，有官方的在线帮助文档。
- http://www.sigvc.org/bbs/，为视觉计算论坛。

2. OpenCV API 介绍

(1) Imgcodecs.imread：读取图片。
(2) Imgproc.GaussianBlur：对图片进行高斯模糊。
(3) Imgproc.cvtColor：对图片进行颜色处理。
(4) Imgproc.Sobel：进行 Sobel 运算。
(5) Core.convertScaleAbs：计算绝对值。
(6) Core.addWeighted：计算结果梯度。
(7) Imgproc.threshold：对图像阈值二值化处理。
(8) Imgproc.getStructuringElement：获取结构元素。
(9) Imgproc.morphologyEx：对图片进行形态学操作。
(10) Imgproc.findContours：寻找轮廓。
(11) Imgproc.minAreaRect：包覆轮廓的最小斜矩形。

(12) Imgproc.getRectSubPix：获取子矩阵。

(13) Imgproc.resize：重置图片大小。

(14) Imgproc.getRotationMatrix2D：计算旋转矩阵。

(15) Imgproc.warpAffine：对加载图形进行仿射变换操作。

(16) Imgproc.boundingRect：包覆此轮廓的最小正矩形。

3. 任务 2 OpenCV 车牌号识别

(1) 功能描述。

基于任务 2 的代码工程中，实现类 LicensePlateUtil 中 discernCarNo()方法的具体代码，用以完成车牌识别。

参考代码如图 5.58 所示。

```java
public static String discernCarNo(String carImgPath) {
    System.loadLibrary(Core.NATIVE_LIBRARY_NAME);
    String imgPath = carImgPath;
    Mat mat = Imgcodecs.imread(imgPath);

    Mat mat1 = new Mat();
    Imgproc.GaussianBlur(mat, mat1, new Size(5, 5), 0, 0, 0);

    // 灰度处理
    Mat destMat = new Mat();
    Imgproc.cvtColor(mat1, destMat, Imgproc.COLOR_BGR2GRAY);

    Mat grad_x = new Mat();
    Mat grad_y = new Mat();

    Mat abs_grad_x = new Mat();
    Mat abs_grad_y = new Mat();

    int scale = 1;
    int delta = 0;
    int ddepth = 3;
    int BORDER_DEFAULT = 4;

    int SOBEL_X_WEIGHT = 1;
    int SOBEL_Y_WEIGHT = 0;

    // Sobel 量子
    Imgproc.Sobel(destMat, grad_x, ddepth, 1, 0, 3, scale, delta,
            BORDER_DEFAULT);
    Core.convertScaleAbs(grad_x, abs_grad_x);
    Imgproc.Sobel(destMat, grad_y, ddepth, 0, 1, 3, scale, delta,
            BORDER_DEFAULT);
    Core.convertScaleAbs(grad_y, abs_grad_y);

    Core.addWeighted(abs_grad_x, SOBEL_X_WEIGHT, abs_grad_y,
            SOBEL_Y_WEIGHT, 0, destMat);

    Mat destMat1 = new Mat();
```

(a)

```java
    Imgproc.threshold(destMat, destMat1, 0, 255, Imgproc.THRESH_OTSU
            + Imgproc.THRESH_BINARY);

    Mat destMat2 = Imgproc.getStructuringElement(Imgproc.MORPH_RECT,
            new Size(9, 3));

    Mat destMat3 = new Mat();
    // 使用闭操作，对图像进行闭操作以后，可以看到车牌区域被连接成一个矩形装的区域。
    Imgproc.morphologyEx(destMat1, destMat3, Imgproc.MORPH_CLOSE, destMat2);

    Mat mat2 = new Mat();
    List<MatOfPoint> list = new ArrayList<MatOfPoint>();

    Imgproc.findContours(destMat3, list, mat2, 0, 1);

    List<RotatedRect> rects = new ArrayList<RotatedRect>();
    for (int i = 0; i < list.size(); ++i) {
        MatOfPoint mop = list.get(i);
        MatOfPoint2f newPoint = new MatOfPoint2f(mop.toArray());
        RotatedRect mr = Imgproc.minAreaRect(newPoint);
        if (verifySizes(mr)) {
            rects.add(mr);
        }
    }
    int k = 1;
    List<Mat> resultVec = new ArrayList<Mat>();
    for (int i = 0; i < rects.size(); i++) {
        RotatedRect minRect = rects.get(i);
        if (verifySizes(minRect)) {
            // rotated rectangle drawing
            // 旋转这部分代码确实可以将某些倾斜的车牌调整正，但是它也会误将更多正的车牌搞成倾斜！所以综合考虑，还是不使用这段代码。
            // 2014-08-14,由于新到的一批图片中发现有很多车牌是倾斜的，因此决定再次尝试这段代码。
            float r = (float) (minRect.size.width / minRect.size.height);
            float angle = (float) minRect.angle;
            Size rect_size = new Size((int) minRect.size.width,
                    (int) minRect.size.height);
            if (r < 1) {
                angle = 90 + angle;
                rect_size = new Size(rect_size.height, rect_size.width);
            }
```

(b)

```java
            float this_angle = 30;
            // 如果抓取的方块旋转超过m_angle角度，则不是车牌，放弃处理
            if (angle - this_angle < 0 && angle + this_angle > 0) {
                // Create and rotate image
                Mat rotmat = Imgproc.getRotationMatrix2D(minRect.center,
                        angle, 1);
                Mat img_rotated = new Mat();
                Imgproc.warpAffine(mat, img_rotated, rotmat, mat.size()); // CV_INTER_CUBIC

                Mat resultMat = showResultMat(img_rotated, rect_size,
                        minRect.center, k++);
                resultVec.add(resultMat);
            }
        }
    }
    if (resultVec.size() == 0) {
        return "";
    }
    int i =0;
    for (Mat mat3 : resultVec) {
        i++;
        Vector<Mat> matVec = new Vector<Mat>();
        CharsSegment charsSegment = new CharsSegment();
        int result = charsSegment.charsSegment(mat3, matVec);
        String plateIdentify = "";

        if (0 == result) {
            System.out.println(matVec.size());
            for (int j = 0; j < matVec.size(); j++) {
                Mat charMat = matVec.get(j);
                // the first is Chinese char as default 默认首个字符块是中文字符
                CharsIdentify charsIdentify = new CharsIdentify();
                String charcater = charsIdentify.charsIdentify(charMat,
                        (0 == j), (1 == j));
                plateIdentify = plateIdentify + charcater;
            }
        }
        if(plateIdentify.length()==7 || plateIdentify.length()==8){
            return plateIdentify;
        }else{
            return "";
        }
```

(c)

图 5.58 参考代码

输入一张车牌路径,能够识别车牌号信息。

(2) 业务流程图。

任务 2 业务流程图如图 5.59 所示。

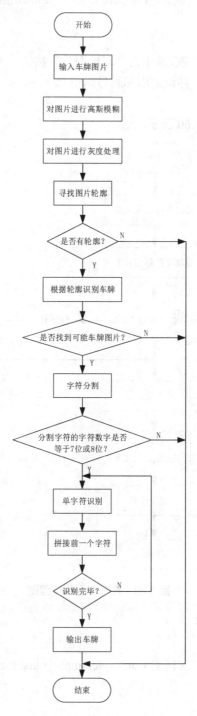

图 5.59 任务 2 业务流程图

4. 任务3 本地车牌图片识别

(1) 功能描述。

基于任务3的代码工程,实现类 CarController 中 uploadImg ()方法的具体代码,完成本地车牌图片的上传。

(2) 结果描述。

用户开发任务结束后,在 PC 端单击"本地图片"按钮,上传本地车牌图片,同时在界面上展示所上传的本地图片,并识别出车牌号码信息。

(3) 业务流程图。

任务3逻辑流程图如图 5.60 所示。

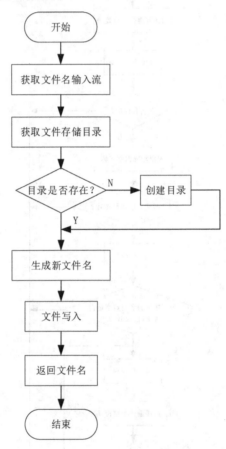

图 5.60　任务3逻辑流程图

5. 任务4 远程拍照识别

(1) 功能描述。

基于任务4的代码工程,实现类 CarServiceImpl 中 takePicture ()方法的具体代码,完成远程车牌拍照的功能。

(2) 结果描述。

用户开发任务完成后,在 PC 端单击"远程拍照"按钮,此时对车牌拍照,并识别出车牌号码。

(3) 业务流程图。

任务 4 逻辑流程图如图 5.61 所示。

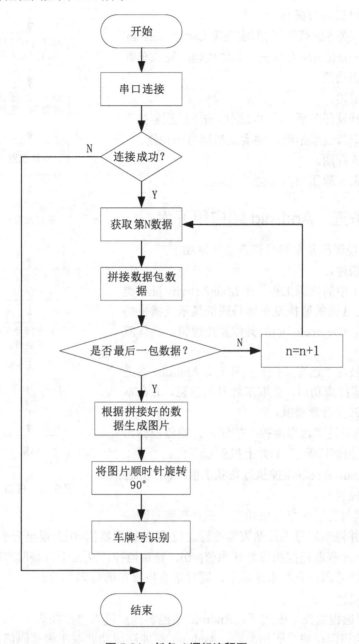

图 5.61 任务 4 逻辑流程图

6. 任务 5 远程监控识别

(1) 功能描述。
- 基于任务 5 的代码工程，实现类 CarServiceImpl 中 remoteControl ()方法的具体代码，完成远程监控的标志上报功能。

- 基于任务5的代码工程，实现类 CarServiceImpl 中 finishRemoteControl()方法的具体代码，完成拍照状态的获取。
- 基于任务5的代码工程，实现类 CarServiceImpl 中 uploadCarNo()方法的具体代码，完成车牌号上报功能。

(2) 结果描述。

用户完成开发任务后，在 PC 端单击"远程监控"按钮，此时对车牌进行拍照，并实现车牌号码识别。

(3) 业务流程图。

任务5逻辑流程图如图 5.62 所示。

5.3.5 任务五 Android 端应用开发

任务1 监控流程及车牌号码获取开发如下。

(1) 功能描述。

基于任务1中的代码工程，在 MainActivity.java 类中，完成 Android 端的监控及车牌号码的显示及播报功能，实现函数 getDeviceInfo()的具体监控逻辑。具体流程如下。

当 PC 端触发"远程监控"按钮时，Android 端进入监控状态。监控成功后，获取车牌号码信息，并在本地显示，同时进行语音播报。

- PC 端触发"远程监控"按钮，开始监控标志位(监控执行器值=1)并上报至云平台。
- Android 端获取监控执行器状态值(=1)，并进入监控状态。
- PC 端与底层端交互成功后，识别车牌号码信息，并将车牌号码及结束监控标志位(监控执行器值=0)上报至云平台。
- Android 获取监控执行器状态值(=0)，结束监控，从云平台获取车牌号码信息，并将车牌号码信息在本地显示，同时语音播报车牌号码信息。

(2) 结果描述。

PC 端在"远程监控"模式下，Android 端能够同步进入"监控模式"。

PC 端成功识别车牌号码信息时，Android 端能够成功获取车牌号码信息，并将车牌号码信息在本地显示，同时语音播报车牌号码信息。

(3) 业务流程图。

任务1业务流程图如图 5.63 所示。

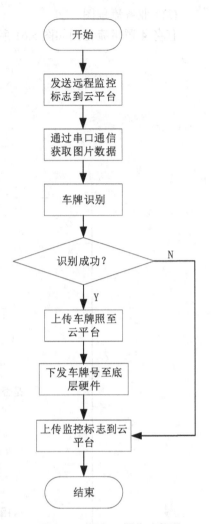

图 5.62 任务 5 逻辑流程图

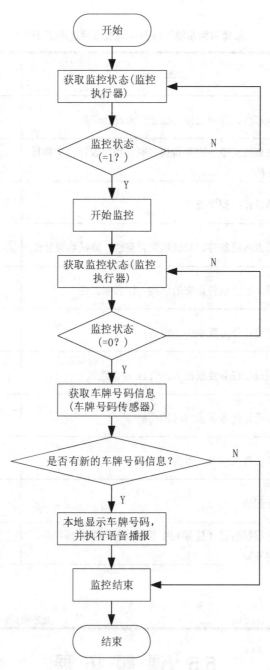

图 5.63 任务 1 业务流程图

5.4 课题参考评价标准

"车牌识别系统"综合实训成绩评定表(百分制)

设计项目	内　容	得　分	备　注
平时表现	工作态度、遵守纪律、独立完成设计任务		5分
	独立查阅文献、收集资料、制订项目设计方案和日程安排		5分
设计报告	电路设计、程序设计		10分
	测试方案及条件、测试结果完整性、测试结果分析		5分
	摘要、设计报告正文的结构、图表规范性		10分
仿真与实物制作	按照设计任务要求的功能仿真		10分
	按照设计任务要求在NEWLab正确连线		10分
	按照设计任务要求实现的功能		10分
	设计任务工作量、难度		10分
	设计创新		10分
实训项目答辩	学生根据所设计任务PPT讲解，由指导老师提问，学生答辩		15分
综合成绩评定			指导教师(签名):

5.5　课　题　拓　展

　　基于OpenCV的图像处理应用越来越广泛，功能越来越完善，且已经延伸到指纹识别、人脸识别、远程监控、远程报警、机器人、智能制造等领域，感兴趣的读者可以对此进行功能拓展和开发。

5.6 课题资源包

为方便读者及时查阅与课题有关的参考资料,本书提供了课题资源包。课题资源包索引如图 5.64 所示。学生实战演练课题时,可根据资源包索引查阅相关资料。

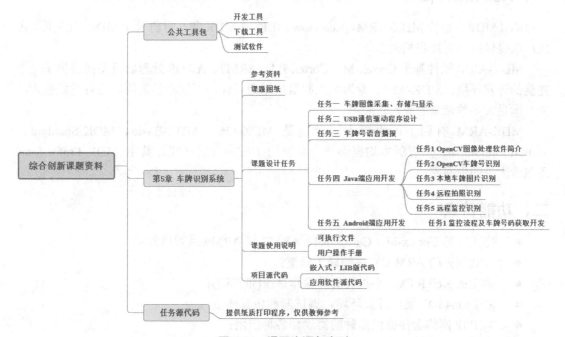

图 5.64 课题资源包索引

(扫一扫,获取精美课件、课题图纸及参考资料)

附录1 用MDK建立STM32工程模板

一、Keil MDK 简介

Keil MDK，也称MDK-ARM、Realview MDK、I-MDK等。目前Keil MDK由三家国内代理商提供技术支持和相关服务。

MDK-ARM软件基于Cortex-M、Cortex-R4、ARM7、ARM9处理器设备而提供了一个完整的开发环境。MDK-ARM专为微控制器应用而设计，不仅易学易用，而且功能强大，能够满足大多数苛刻的嵌入式应用。

MDK-ARM有四个可用版本，分别是 MDK-Lite、MDK-Basic、MDK-Standard、MDK-Professional。所有版本均提供一个完善的C/C++开发环境，其中MDK-Professional还包含大量的中间库。

二、功能特点

- 完美支持Cortex-M、Cortex-R4、ARM7和ARM9系列器件；
- 行业领先的ARM C/C++编译工具链；
- 确定的Keil RTX，小封装实时操作系统(带源码)；
- µVision4 IDE集成开发环境，调试器和仿真环境；
- TCP/IP网络套件提供多种的协议和各种应用；
- 提供带标准驱动类的USB设备和USB主机栈；
- 为带图形用户接口的嵌入式系统提供了完善的GUI库支持；
- ULINKpro可实时分析运行中的应用程序，且能记录Cortex-M指令的每一次执行；
- 关于程序运行的完整代码覆盖率信息；
- 执行分析工具和性能分析器可使程序得到最优化；
- 大量的项目例程帮助开发者快速熟悉MDK-ARM强大的内置特征；
- 符合CMSIS (Cortex微控制器软件接口标准)。

三、建立STM32库函数工程模板

(一)ST官方固件库

1. 获取官方固件库

为帮助初学者快速入门，建议初学者先从掌握创建库函数工程模板入手。首先获取固件库包。因固件库的版本有很多，建议从ST官网下载，或者从百度下载相关的固件库。下面以STM32F1为例进行详细讲解。

STM32F10x V3.5.0版库下载地址：http://www.st.com/st-web-ui/static/active/en/st_prod_software_internet/resource/technical/software/firmware/stsw-stm32054.zip。

STM32F10x V3.5.0版库文件夹如图F1.1所示。

该固件库是 ST 公司针对 STM32F1 的 MCU 发布的一组库函数。该函数符合 CMSIS(Cortex Microcontroller Software Interface Standard，即 Cortex 微控制器软件接口标准)标准。

图 F1.1　STM32F10x V3.5.0 版库文件夹

2. STM32 固件库结构

以下载固件库 STM32F10x V3.5.0 为例。该固件库包含了 4 个文件夹，名称分别是 _htmresc、Libraries、Project、Utilities。

(1) _htmresc：该文件夹含有 CMSISI 以及 ST 的 LOGO，在此不再赘述。

(2) Libraries：该文件夹有 2 个子文件夹，分别为 CMSIS 和 STM32F10x_StdPeriph_Driver。

CMSIS 文件夹是 Cortex M3 的相关说明及代码。其中代码分为内核级和设备级。

CMSIS 标准在 STM32F10x 系列中的具体程序，是各种编译器提供的针对不同系列 MCU 设备级的启动代码。

STM32F10x_StdPeriph_Driver 文件夹含有 inc 和 src 2 个子文件夹。2 个子文件夹内是所有标准外设的头文件和函数源文件，按照外设分类存放全部的库函数和相关头文件。

(3) Project：该文件夹含有 2 个子文件，分别是 STM32F10x_StdPeriph_Examples(所有标准外设的例程文件)和 STM32F10x_StdPeriph_Template(工程模板实例)。

(4) Utilities：该文件夹为 ST 公司官方评估板的相关代码和说明。

(二)复制相关文件

获取固件库后，即可开始进入库函数工程模板的创建，这里需要先复制必需的相关文件。

新建一个命名为"库函数模板创建"文件夹，然后，在其下新建 2 个子文件夹。新建 2 个子文件夹如图 F1.2 所示(文件夹命名可任意，这里根据文件类型命名)。

图 F1.2　新建 2 个子文件夹

1. Libraries 文件夹

用于存放 CMSIS 标准和 STM32 外设驱动文件。由于 STM32 固件库相关文件很多，为减少工程模板的文件数量和大小，可从固件库中只复制有用的文件到 Libraries 文件夹中，在 Libraries 文件夹中新建 CMSIS 子文件夹。

(1) 在 Libraries 文件中新建 CMSIS 子文件夹。

从固件库 STM32F10x_StdPeriph_Lib_V3.5.0\Libraries\CMSIS\CM3\CoreSupport 文件夹中复制 core_cm3.c 与 core_cm3.h 文件(CM3 内核的源文件和头文件)。

从固件库 STM32F10x_StdPeriph_Lib_V3.5.0\Libraries\CMSIS\CM3\DeviceSupport\ST\STM32F10x\startup\arm 文件夹中复制 startup_stm32f10x_hd.s(针对高能量芯片的启动文件)。

从固件库 STM32F10x_StdPeriph_Lib_V3.5.0\Libraries\CMSIS\CM3\DeviceSupport\ST\STM32F10x 文件夹中复制 system_stm32f10x.c 和 system_stm32f10x.h(系统时钟的源文件和头文件)。

复制完成后，CMSIS 文件夹中有 5 个文件。CMSIS 文件夹中 5 个文件如图 F1.3 所示。

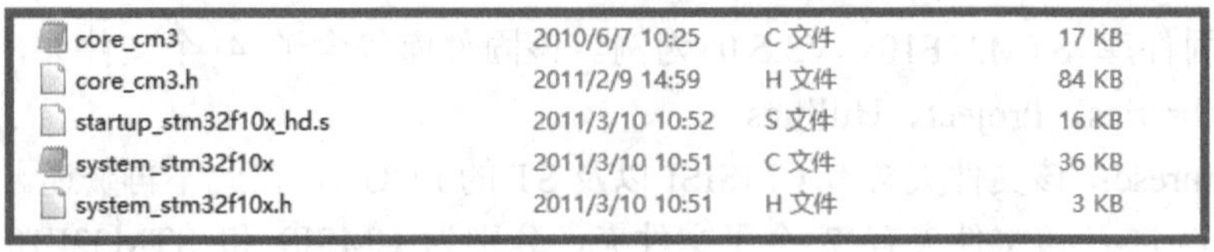

图 F1.3　CMSIS 文件夹中五个文件

(2) 复制 STM32F10x_StdPeriph_Driver 文件。

从固件库 STM32F10x_StdPeriph_Lib_V3.5.0\Libraries 文件夹中复制 STM32F10x_StdPeriph_Driver 文件。

Libraries 文件操作完成后的 2 个文件夹如图 F1.4 所示。

图 F1.4　Libraries 文件操作完成后的 2 个文件夹

2. User 文件夹

用于存放用户编写的 main.c、stm32f10x.h 头文件、stm32f10x_conf.h 配置文件、stm32f10x_it.c 与 stm32f10x_it.h 中断函数文件。这些都不需要创建，直接从 ST 固件库直接复制即可。

从固件库 STM32F10x_StdPeriph_Lib_V3.5.0\Project\STM32F10x_StdPeriph_Template 文件夹中复制 main.c、tm32f10x_conf.h、stm32f10x_it.c、stm32f10x_it.h。

从固件库 STM32F10x_StdPeriph_Lib_V3.5.0\Libraries\CMSIS\CM3\DeviceSupport\ST\STM32F10x 文件夹中复制 stm32f10x.h。

复制完成后，User 文件夹包含的 5 个文件如图 F1.5 所示。

图 F1.5　User 文件夹包含的 5 个文件

(三)建立"STM32 库函数工程模板"

1. 新建工程

(1) 打开 KEIL5，选择 Project→New μVision Project 菜单命令，如图 F1.6 所示。

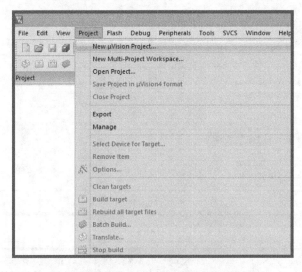

图 F1.6　选择 New μVision Project 命令

(2) 在弹出的新建工程对话框中为工程命名，建议工程名不使用中文，否则可能出现错误。在此新建工程命名为"Template"(无须扩展名)。新建工程命名为"Template"，如图 F1.7 所示。

图 F1.7　新建工程命名为 Template

2. 选择 CPU

根据所使用的 CPU 具体的型号来选择,这里选择常用的 STM32F103ZET6 芯片。如果没有所选择的 CPU 型号,说明在安装 KEIL5 软件的时候没有添加芯片包,此时需要添加相关的芯片包。如 STM32F10X 需要安装 Keil.STM32F1xx_DFP.1.0.5 芯片包,可从 ST 公司官网下载并安装,在此不再赘述。CPU 选择界面如图 F1.8(a)与图 F1.8(b)所示。

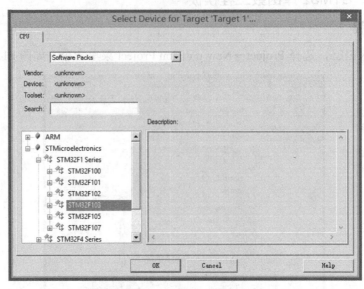

(a)

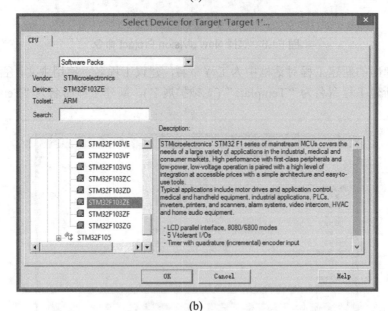

(b)

图 F1.8　CPU 选择界面

选择 CPU 型号结束,单击 OK 按钮,弹出在线添加固件库文件的界面。在线添加固件库文件的界面如图 F1.9 所示。

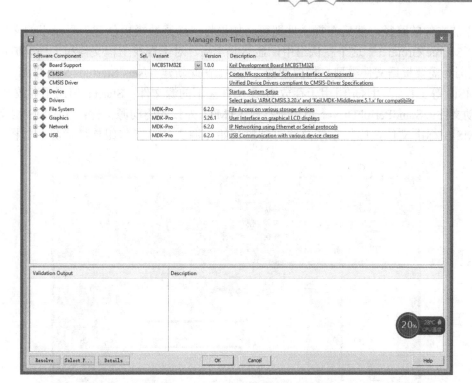

图 F1.9　在线添加固件库文件的界面

如果采用手动进行添加，则不需要此步，单击关闭此界面，出现"Project"工程界面，如图 F1.10 所示。

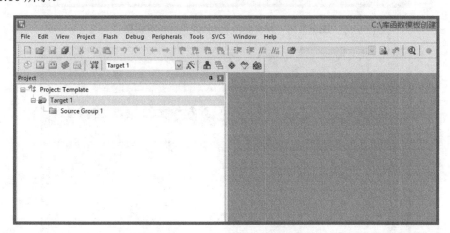

图 F1.10　"Project"工程界面

3. 手动添加文件

此前已从官方固件库中复制了相关文件到"库函数模板创建"文件夹中，此时需要把相关文件添加到新建的工程中。

(1) 单击界面中快捷按钮，弹出 Manage Project Items 对话框，如图 F1.11 所示。

(2) 构建的工作组。在 Manage Project Items 对话框中，双击"Source Group 1"文件夹，

出现添加文件的路径,然后选择文件即可。如果将"库函数模板创建"目录下的文件都添加到"Source Group 1"这个默认组中,显然非常乱,对于查找工程文件和工程维护极其不方便,因此需要根据文件类型来构建新的工程组。在此新建 User、Startup、StandPeriphDriver 和 CMSIS 等工程组。User 组用于存放 User 文件夹下的源文件;Startup 组用于存放 STM32 的启动文件;StandPeriphDriver 组用于存放 STM32 外设的驱动源文件; CMSIS 组用于存放 CMSIS 标准文件,比如系统总线时钟等初始化源文件。工作组构建后界面如图 F1.12 所示。

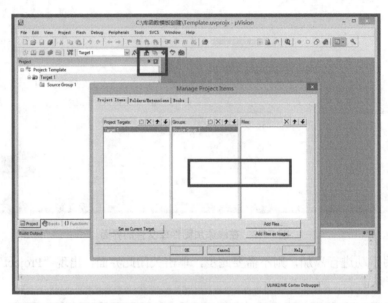

图 F1.11 Manage Project Items 对话框

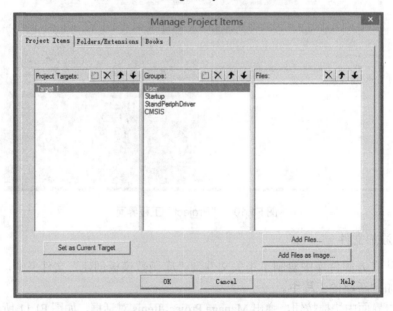

图 F1.12 工作组构建后界面

单击 OK 按钮,出现如图 F1.13 界面,说明已经在"Target1"下出现了新建的工作组,但这些工作组都是空的,没有添加相关文件。

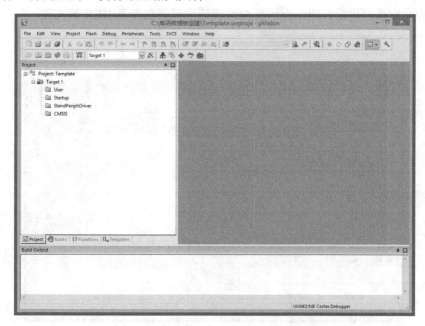

图 F1.13　在 Target1 下新建的工作组界面

(3) 给工作组添加相关文件。以 User 工作组添加相关文件为例,介绍工作组添加相关文件的方法。在 Manage Project Items 对话框中 Groups 列表下选中 User 工作组,然后单击 Add Files 按钮。User 工作组添加相关文件界面如图 F1.14 所示。

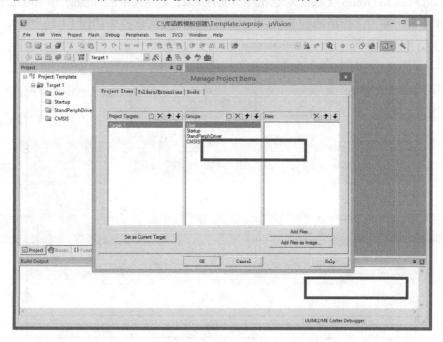

图 F1.14　User 工作组添加相关文件界面

单击 Add Files 按钮后,弹出 Add Files to Group "User" 对话框如图 F1.15 所示。此前

只创建了 User、Libraries 文件夹，却多出了 Objects 和 Listings 两个文件夹，这两个文件夹是创建工程时默认产生的，用于存放程序编译后的列表文件及 HEX 等文件。

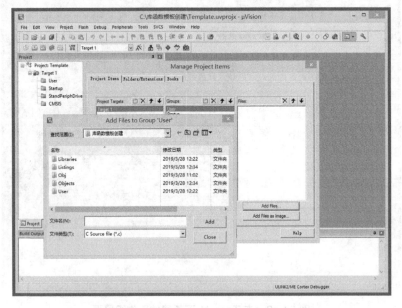

图 F1.15　Add Files to Group "User" 对话框

User 工作组中添加的文件有两个是 User 文件夹中的 mian.c 和 stm32f10x_it.c 文件。注意该对话框中默认的文件是 .c 类型，因此添加不同的文件要选择正确的文件类型。

在 Add Files to Group "User" 对话框中，选择 User 文件夹中的 mian.c 和 stm32f10x_it.c，单击 Add 按钮，即为工作组添加文件。User 工作组添加文件界面如图 F1.16 所示。

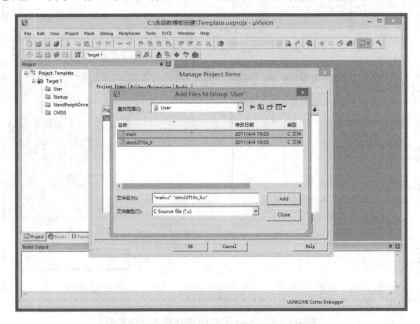

图 F1.16　User 工作组添加文件界面

添加 User 工作组文件完成后界面如图 F1.17 所示。

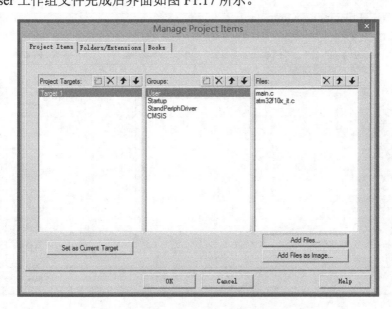

图 F1.17 添加 User 工作组文件完成后界面

用同样的方法为其他工作组添加其他文件，详细说明如下。

① Startup 工作组添加 Libraries\CMSIS 文件夹中的 startup_stm32f10x_hd.s 文件。注意文件类型为.s。

① StandPeriphDriver 工作组添加 Libraries\STM32F10x_StdPeriph_Driver\src 文件夹中的 stm32f10x_gpio.c 与 stm32f10x_rcc.c。

注意，stm32f10x_gpio.c 是 GPIO(general purpose input output，通用输入出接口)库函数的源文件，stm32f10x_rcc.c 是复位和时钟库函数源文件，STM32 程序开发通常都需要这两个源文件。

其他的外设源文件根据是否使用外设而添加。用户也可以把所有外设源文件都添加进来，但工程编译时会把所有添加外设文件都进行编译，使得编译速度较慢，因此推荐使用哪个外设就添加哪个外设的源文件。

③ CMSIS 工作组中添加 Libraries\CMSIS 文件夹中的 system_stm32f10x.c 和 core_cm3.c 文件。添加完成后，在 Manage Project Items 对话框中，单击 OK 按钮。CMSIS 工作组中添加文件界面如图 F1.18 所示。

返回至 KEIL5 主界面的对话框如图 F1.19 所示。

在该对话框中，如果发现部分工作组下的文件出现了"小钥匙"的警告，是因为这些文件都是只读属性，需要把这些文件的只读属性去掉。在 Libraries 文件夹下，可把 CMSIS 和 STM32F10x_StdPeriph_Driver 文件中只读属性去掉，再打开工程，就会出现"小钥匙"的警告消失。取消"小钥匙"警告界面如图 F1.20 所示。

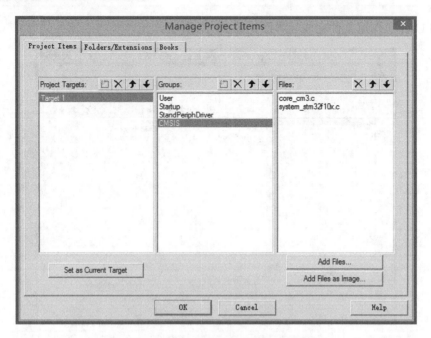

图 F1.18 CMSIS 工作组中添加文件界面

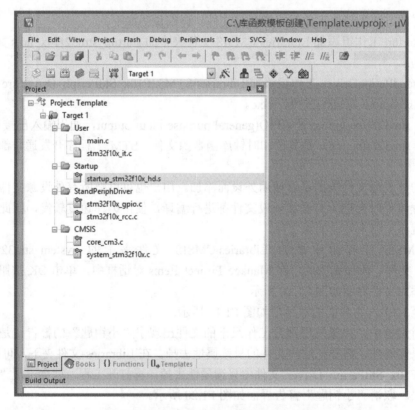

图 F1.19 返回至 KEIL5 主界面的对话框

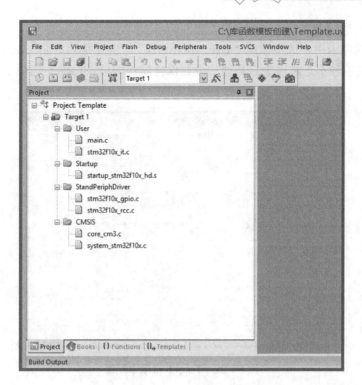

图 F1.20 取消"小钥匙"警告界面

4. 配置 Option For Target 选项

Option For Target 配置工作非常重要,程序编译后找不到 HEX 文件,printf 实验无法打印,无法仿真等问题都是因为 Option For Target 配置不正确造成的。

在 KEIL 菜单栏单击"魔术棒"按钮,Options For Target "Target1" 对话框如图 F1.21 所示。

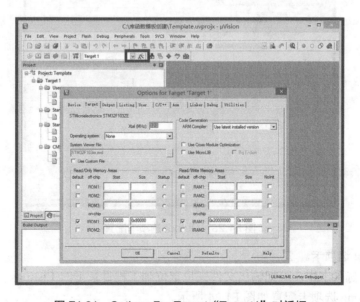

图 F1.21 Options For Target "Target1" 对话框

(1) Target 选项卡。

在 Target 选项卡中，选中微库"Use MicroLIB"，主要是为后面 printf 重定向输出使用，否则会出现各种不正常现象。其他的设置保持默认即可。Target 选项卡配置如图 F1.22 所示。

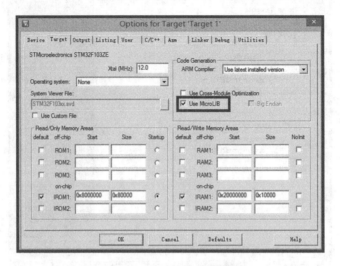

图 F1.22 Target 选项卡配置

(2) Output 选项卡。

在 Output 选项卡中，可把输出文件夹定位到模板工程目录下的 Objects 文件夹中。如果要在编译的过程中生成.hex 文件，那么可勾选 Create HEX File 复选框。Output 选项卡配置如图 F1.23 所示。

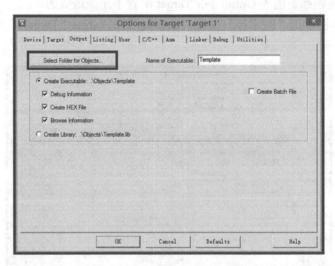

图 F1.23 Output 选项卡配置

(3) Listing 选项卡。

在 Listing 选项卡中，可把输出文件夹也定位到工程目录下的 Listings 文件夹中。其他设置默认。Listing 选项卡配置如图 F1.24 所示。

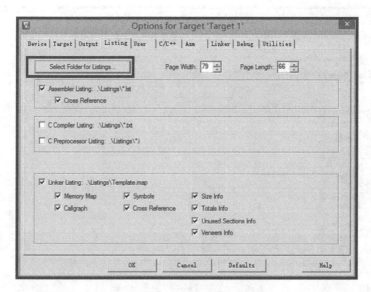

图 F1.24　Listing 选项卡配置

（4）C/C++选项卡。

对于库函数模板，需要对处理器类型和库进行宏定义。在 Define 栏中添加两个宏：USE_STDPERIPH_DRIVER，STM32F10X_HD。两个宏之间用英文符逗号隔开。

通过这两个宏就可以对 STM32F10x 系列芯片进行库开发，因为在库源码内支持多个 Cortex M3 F1 系列芯片，通过这个宏就可以选择采用哪一种芯片的库驱动。C/C++选项卡界面如图 F1.25 所示。

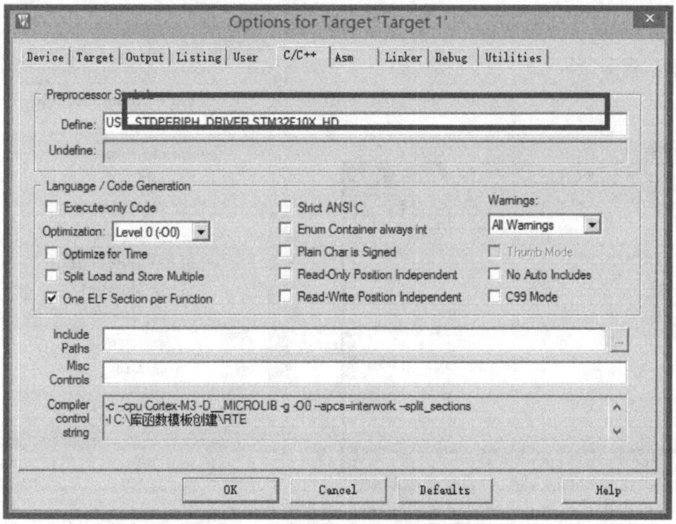

图 F1.25　C/C++选项卡界面

在 Define 栏设置两个宏后，单击 Include Paths 栏后面的"…"按钮，弹出 Folder Setup 对话框，将添加到工程组中的文件路径包含进来。Folder Setup 对话框如图 F1.26 所示。

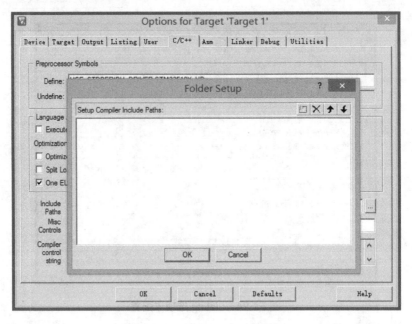

图 F1.26　Folder Setup 对话框

单击 Setup Compiler Include Paths 右端的 New(insert)按钮，在新出现的路径行输入文件路径，也可以单击右侧的"…"按钮选择相关文件夹。输入文件路径对话框如图 F1.27 所示。在"浏览文件夹"对话框中，选择相关文件夹。浏览文件夹对话框如图 F1.28 所示。

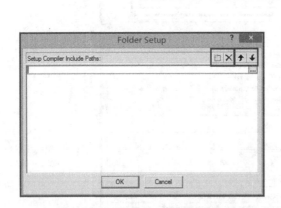

图 F1.27　输入文件路径对话框

图 F1.28　浏览文件夹对话框

需要添加的文件为 User、Libraries\CMSIS、Libraries\STM32F10x_StdPeriph_Driver\inc。添加完毕后的界面如图 F1.29 所示。

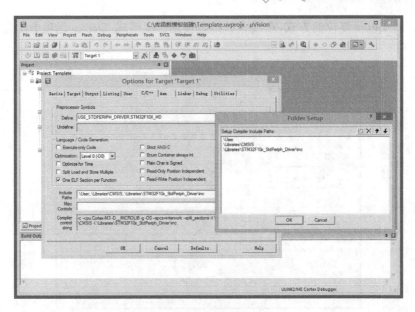

图 F1.29　添加完毕后的界面

(5) ARM 仿真器配置。

在此以 ST-LINK V2 仿真器为例进行配置。安装好仿真器相关驱动后，就可以开始对仿真器进行配置。将仿真器的 USB 一端连接电脑，另一端连接开发板上的 JTAG 接口，并给开发板供电。在 Debug 选项卡的 Use 栏，选择 ST-Link Debugger 选项，然后单击右侧的 Settings 按钮。ARM 仿真器配置如图 F1.30 所示。

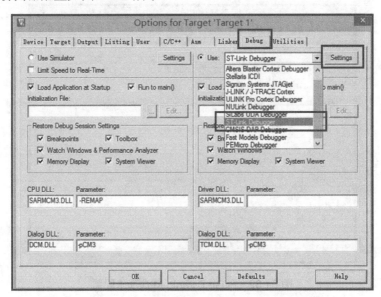

图 F1.30　ARM 仿真器配置

选择 ST-Link Debugger 型号后，单击 Settings 按钮，此时会弹出 Cortex-M Target Driver Setup 对话框，若选择正确，会自动识别 ARM 仿真器的 ID 号。

在 Cortex-M Target Driver Setup 对话框中，选择 Debug 选项卡。该选项卡主要设置 SW

或者 JTAG 模式以及复位的方式,在线调试推荐使用 SW 模式。Debug 选项卡配置如图 F1.31 所示。

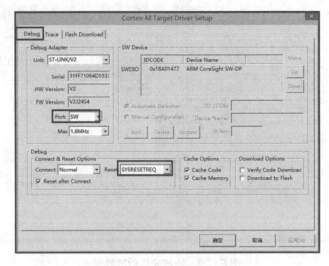

图 F1.31　Debug 选项卡配置

在 Cortex-M Target Driver Setup 对话框中,选择 Flash Download 选项卡,开发使用的芯片是 STM32F103ZET6,其 Device Size 为 512KB。在 Download Function 栏中,勾选 Reset and Run 复选框,当程序下载进去后自动复位运行;如不勾选,程序下载进去后需按下开发板上复位键才能运行,最后单击"确定"按钮即可。Flash Download 选项卡配置如图 F1.32 所示。

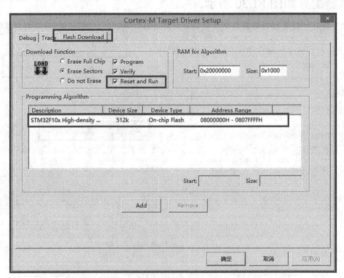

图 F1.32　Flash Download 选项卡配置

5. 编辑 mian.c 文件

双击工程组 User 中的 main.c 文件。由于 main.c 是在固件库中复制,故文件夹中包含许多代码,将所有代码删除,并编写一个最简单的框架程序。具体代码如下。

```
#include "stm32f10x.h"
  int main()
  {
      while(1)
     {
     }
}
```

编译该工程，编译后出现结果：0 错误、0 警告时，表明创建的库函数模板完全正确。至此，库函数工程模板就创建完成。编辑 main.c 程序界面如图 F1.33 所示。

图 F1.33　编辑 main.c 程序界面

(四)库函数应用举例

以 STM32 控制流水灯为例进行详细介绍。

复制前面建立的"库函数模板"文件夹，然后改名为"LED 流水灯"文件夹。将八个发光二极管 D1～D8 灯连接到 STM32 的 PC0～PC7 引脚。STM32 控制流水灯电路原理图如图 F1.34 所示。

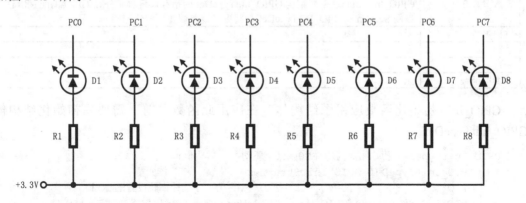

图 F1.34　STM32 控制流水灯电路原理图

1. GPIO 库函数介绍

(1) GPIO 概述。

STM32F103ZET6 位处理器中有 GPIOA～GPIOE 5 个 16 位通用 IO 口，每个 GPIO 端口有 16 条位线。例如：GPIOC 端口有 GPIOC0～GPIOC15 共计 16 个引脚，简写为 PC0～PC15。

GPIO 端口的每一位可以根据不同的功能，由软件分别配置为以下 8 种模式。

- 输入浮空：用于不确定高低电平的输入；
- 输入上拉：用于默认为上拉至高电平的输入；
- 输入下拉：用于默认为下拉至低电平的输入；
- 模拟输入：用于模拟量的输入；
- 开漏输出：用于实现电平转换和线与功能的输出；
- 推挽式输出：用于加大功率驱动的输出；
- 推挽式复用输出：复用功能下的推挽输出；
- 开漏复用功能：复用功能下的开漏输出。

(2) GPIO 库文件。

GPIO 库文件是 stm32f10x_gpio.h 和 stm32f10x_gpio.c 两个文件。此前制作"库函数模板"时，已经添加了 stm32f10x_gpio.c 文件。

(3) GPIO 常用库函数。

GPIO 库函数具体的介绍在《STM32 固件库使用手册》有详细讲解。

① 初始化函数：

```
void GPIO_Init(GPIO_TypeDef* GPIOx,GPIO_InitTypeDef* GPIO_InitStruct)
```

功能：初始化一个或多个 IO 口(同一组端口)的工作模式、输出速度即 GPIO 的 2 个配置寄存器。IO 口功能说明如表 F1.1 所示。

表 F1.1 IO 口功能说明

函数名	GPIO_Init
函数原形	void GPIO_Init(GPIO_TypeDef* GPIOx, GPIO_InitTypeDef* GPIO_InitStruct)
功能描述	根据 GPIO_InitStruct 中指定的参数初始化外设 GPIOx 寄存器
输入参数 1	GPIOx: x 可以是 A，B，C，D 或者 E，来选择 GPIO 外设
输入参数 2	GPIO_InitStruct：指向结构 GPIO_InitTypeDef 的指针，包含了外设 GPIO 的配置信息 参阅 Section：GPIO_InitTypeDef 查阅更多该参数允许取值范围
输出参数	无
返回值	无
先决条件	无
被调用函数	无

GPIO_Init 初始化函数应用了结构体。在应用此函数之前，需要先初始化结构体 GPIO_InitTypeDef。

```
GPIO_InitTypeDef 初始化范例：(PC0～PC7 驱动 LED 等为例)
    GPIO_InitTypeDef GPIO_InitStructure;  //定义结构体变量
    GPIO_InitStructure.GPIO_Pin=GPIO_Pin_0;  //选择你要设置的 IO 口
    GPIO_InitStructure.GPIO_Mode=GPIO_Mode_Out_PP;//设置推挽输出模式
    GPIO_InitStructure.GPIO_Speed=GPIO_Speed_50MHz;  //设置传输速率
```

```
        GPIO_Init(GPIOC,&GPIO_InitStructure);/* 初始化GPIO */
```

可一次对多个管脚进行初始化,前提必须是它们的配置模式一样,例如:

```
GPIO_InitStructure.GPIO_Pin=
GPIO_Pin_0|GPIO_Pin_1|GPIO_Pin_2|GPIO_Pin_3|GPIO_Pin_4|GPIO_Pin_5|GPIO_Pin_6|GPIO_Pin_7;
```

② 设置管脚输出电平函数:

```
void GPIO_SetBits(GPIO_TypeDef* GPIOx, uint16_t GPIO_Pin);
```

功能:设置某个 IO 口为高电平(可同时设置同一端口的多个 IO)。底层是通过配置 BSRR 寄存器。

```
void GPIO_ResetBits(GPIO_TypeDef* GPIOx, uint16_t GPIO_Pin);
```

功能:设置某个 IO 口为低电平(可同时设置同一端口的多个 IO)。底层是通过配置 BSRR 寄存器。

```
void GPIO_WriteBit(GPIO_TypeDef* GPIOx,uint16_t GPIO_Pin,BitAction BitVal);
void GPIO_Write(GPIO_TypeDef* GPIOx, uint16_t PortVal);
```

功能:设置端口管脚输出电平。设置管脚输出电平函数功能如表 F1.2 所示。

表 F1.2 设置管脚输出电平函数功能

函数名	GPIO_Write
函数原形	void GPIO_Write(GPIO_TypeDef* GPIOx, u16 PortVal)
功能描述	向指定 GPIO 数据端口写入数据
输入参数 1	GPIOx: x 可以是 A,B,C,D 或者 E,来选择 GPIO 外设
输入参数 2	PortVal: 待写入端口数据寄存器的值
输出参数	无
返回值	无
先决条件	无
被调用函数	无

③ 读取管脚输入电平函数:

```
uint8_t GPIO_ReadInputDataBit(GPIO_TypeDef* GPIOx, uint16_t GPIO_Pin);
```

功能:读取端口中的某个管脚输入电平。底层是通过读取 IDR 寄存器。

```
uint16_t GPIO_ReadInputData(GPIO_TypeDef* GPIOx);
```

功能:读取某组端口的输入电平。底层是通过读取 IDR 寄存器。

④ 读取管脚输出电平函数:

```
uint8_t GPIO_ReadOutputDataBit(GPIO_TypeDef* GPIOx, uint16_t GPIO_Pin);
```

功能:读取端口中的某个管脚输出电平。底层是通过读取 ODR 寄存器。

```
uint16_t GPIO_ReadOutputData(GPIO_TypeDef* GPIOx);
```

功能:读取某组端口的输出电平。底层是通过读取 ODR 寄存器。

(4) 使能 GPIO 时钟函数。

该例采用 PC0~PC7 驱动 LED 发光二极管,从《STM32F1xx 中文参考手册》可知,

GPIOC 是在 APB2 总线上，故需要使能 APB2 的时钟，该函数为 RCC_APB2PeriphClockCmd。

函数库中开启 GPIO 时钟的函数为：void RCC_APB2PeriphClockCmd(uint32_t RCC_APB2Periph, FunctionalState NewState)。使能 GPIO 时钟函数如表 F1.3 所示。

表 F1.3 使能 GPIO 时钟函数

函数名	RCC_APB2PeriphClockCmd
函数原形	void RCC_APB2PeriphClockCmd(u32 RCC_APB2Periph, FunctionalState NewState)
功能描述	使能或者失能 APB2 外设时钟
输入参数 1	RCC_APB2Periph：门控 APB2 外设时钟 参阅 Section：RCC_APB2Periph 查阅更多该参数允许取值范围
输入参数 2	NewState：指定外设时钟的新状态 这个参数可以取：ENABLE 或者 DISABLE
输出参数	无
返回值	无
先决条件	无
被调用函数	无

注意：不同的外设调用的时钟使能函数可能不一样。例如使能 GPIOC 端口时钟：RCC_APB2PeriphClockCmd(RCC_APB2Periph_GPIOC,ENABLE)。

2. LED 流水灯编程

为了便于管理相关文件，首先在"LED 流水灯"工程文件中，新建一个文件夹用于专门保存相关文件。新建 App 文件夹如图 F1.35 所示。

在 Options for Target "Target1"对话框的 C/C++选项卡下，添加 App 文件至 Setup Compiler Include Paths 栏中。在 Setup Compiler Include Paths 栏中添加 App 文件的界面如图 F1.36 所示。

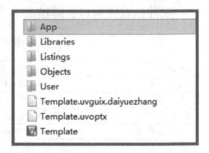

图 F1.35 新建 App 文件夹

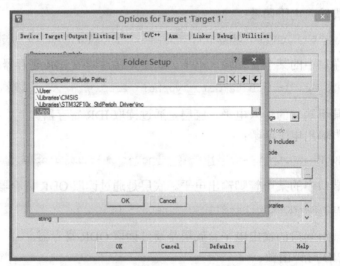

图 F1.36 在 Setup Compiler Include Paths 栏中添加 App 文件的界面

(1) 新建 LED 源文件和库文件。

此处建立 led.h 和 led.c 两个文件。打开工程文件，在 File 菜单下选择"New..."，出现 Text1 文件。新建 LED 源文件和库文件界面如图 F1.37 所示。

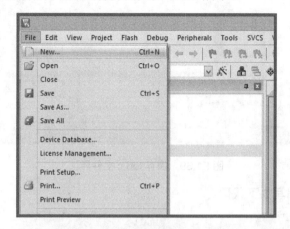

图 F1.37　新建 LED 源文件和库文件界面

单击"保存"按钮，分别建立 led.h 和 led.c，并保存在 App 文件夹中。保存 led.h 文件界面如图 F1.38 所示，保存 led.c 文件界面如图 F1.39 所示。

在 led.h 文件中编写如下代码。

```
#ifndef _led_h
#define _led_h
#include "stm32f10x.h"
#define LED_PORT_RCC      RCC_APB2Periph_GPIOC
#define LED_PIN(GPIO_Pin_0|GPIO_Pin_1|GPIO_Pin_2|GPIO_Pin_3|GPIO_Pin_4|GPIO_Pin_5|GPIO_Pin_6|GPIO_Pin_7)
#define LED_PORTGPIOC
void LED_Init(void);
#endif
```

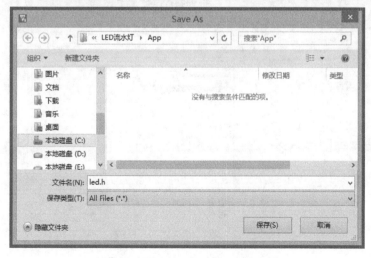

图 F1.38　保存 led.h 文件界面

图 F1.39　保存 led.c 文件界面

在 led.c 文件中编写如下代码。

```
#include "led.h"
void LED_Init( )
{
    GPIO_InitTypeDef GPIO_InitStructure;
    RCC_APB2PeriphClockCmd(RCC_APB2Periph_GPIOC,ENABLE);
    GPIO_InitStructure.GPIO_Pin=LED_PIN;
    GPIO_InitStructure.GPIO_Mode=GPIO_Mode_Out_PP;
    GPIO_InitStructure.GPIO_Speed=GPIO_Speed_50MHz;
    GPIO_Init(LED_PORT,&GPIO_InitStructure);
    GPIO_SetBits(LED_PORT, LED_PIN);
}
```

(2) 添加源文件到工作组。

编写 led.h 和 led.c 文件结束后，需要将 led.c 源文件添加到工程中。为了便于管理相关文件，推荐新建 App 工作组，并把 led.c 添加到 App 工作组中。添加源文件到工作组界面如图 F1.40 所示。

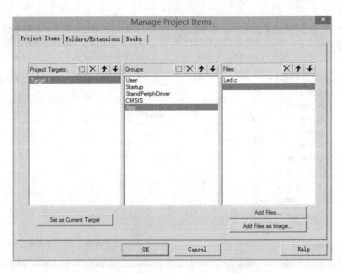

图 F1.40　添加源文件到工作组界面

(3) 编写 main 函数。

在 mian.c 文件中输入如下流水灯代码。

```c
#include "stm32f10x.h"
#include "led.h"
void delay(u32 i)
{
    while(i--);
}
int main()
{
    u16 num;
    u8 i;
    LED_Init();
    while(1)
    {
        num=0xfffe;
        for(i=0;i<8;i++)
        {
            GPIO_Write(GPIOC, num);
            num=(num<<1)|0x0001;
            delay(0x001fffff);
        }
    }
}
```

(4) 编译工程。

编译工程界面如图 F1.41 所示。

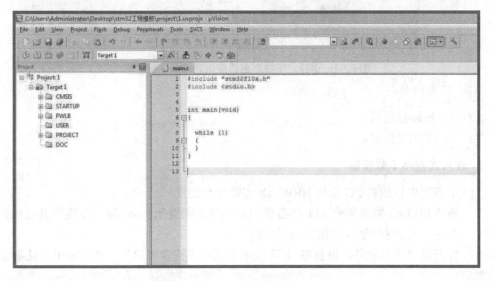

图 F1.41 编译工程界面

附录 2　NEWLab 嵌入式程序下载步骤

1. 以 NEWLab 课题"节能型自适应风扇控制"为例介绍

课题"节能型自适应风扇控制"接线图如图 F2.1 所示。

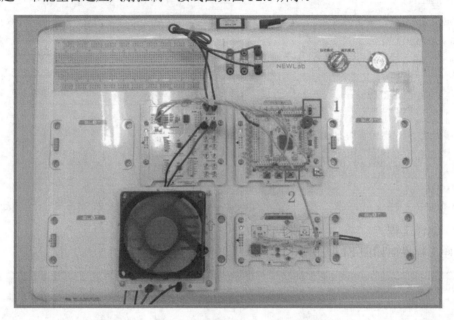

图 F2.1　课题"节能型自适应风扇控制"接线图

说明：
红框 1：短路帽位置。
红框 2：系统复位键。

2. 嵌入式程序下载步骤

(1) 用专用串口线将 PC 端与 NEWLab 实验平台连接。

(2) 将 NEWLab 实验平台 M3 核心模块右侧跳线帽置于 boot 端，并按下复位按钮(在 M3 核心模块三个按键的最右侧按键-复位键)。

(3) 打开串口下载软件，设置串口(可以单击菜单"搜索串口"，也可以用"设备管理"查看串口)。

(4) 在课题——"PROJECT"文件夹的"OUTPUT"子文件夹中查找选择要下载的.hex 文件。

(5) 单击"开始编程"按钮。

(6) 待编程完成，将跳线帽置于 NC 端，按下"复位"按钮后，程序开始执行。
下载程序操作界面如图 F2.2 所示。

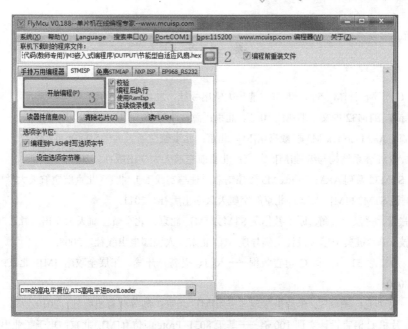

图 F2.2　下载程序操作界面

说明：程序下载软件 FlyMcu V0.188 可从相关网站下载。

参 考 文 献

[1] 谭浩强. C 程序设计[M]. 5 版. 北京：清华大学出版社，2017.
[2] 意法半导体. STM32 中文手册[M]. 10 版. 北京：意法半导体(中国)投资公司，2010.
[3] Joseph Yiu. ARM Cortex-M3 权威指南[M]. 北京：北京航空航天大学出版社，2009.
[4] 杜春雷. ARM 体系结构与编程[M]. 北京：北京航空航天大学出版社，2003.
[5] 王永虹. STM32 系列 ARM Cortex M3 微控制器原理与实践[M]. 北京：北京航空航天大学出版社，2008.
[6] 刘军. 例说 STM32 [M]. 北京：北京航空航天大学出版社，2011.
[7] 刘军，张洋，严汉宇，等. 原子教你玩 STM32 [M]. 北京：北京航空航天大学出版社，2015.
[8] 求实科技. 单片机典型模块设计实例导航[M]. 北京：人民邮电出版社，2008.
[9] 郭天祥. 新概念 51 单片机 C 语言教程——入门、提高、开发、拓展全攻略 [M]. 北京：电子工业出版社，2010.
[10] 张毅刚，彭喜元，董继成. 单片机原理与应用[M]. 北京：高等教育出版社，2010.
[11] 彭伟. 单片机 C 语言设计实训 100 例——基于 8051+Proteus 仿真[M]. 北京：电子工业出版社，2010.
[12] 赵林惠. 单片机应用技术[M]. 北京：科学出版社，2008.
[13] 楼然苗. 单片机课程设计指导[M]. 北京：北京航空航天大学出版社，2008.
[14] 周坚. 单片机 C 语言轻松入门[M]. 北京：北京航空航天大学出版社，2008.
[15] 刘焕平，董一凡. 单片机原理与应用[M]. 北京：北京邮电大学出版社，2008.
[16] 冯育长. 单片机系统设计与实例分析[M]. 西安：西安电子科技大学出版社，2007.
[17] 桂小林，安健，等. 物联网技术导论[M]. 北京：清华大学出版社，2012.
[18] 桂小林. 计算机网络技术[M]. 上海：上海交通大学出版社，2016.
[19] 桂小林，张学军，赵建强，等. 物联网信息安全[M]. 北京：机械工业出版社，2014.
[20] 章毓晋. 图像工程[M]. 北京：清华大学出版社，2018.
[21] 孙国栋，赵大兴. 机器视觉检测理论与计算[M]. 北京：科学出版社，2015.